宙斯寶盾！
神盾艦防禦系統超強圖解

瑞昇文化

前言

1998年韓國海軍的觀艦儀式於韓國釜山舉行。受邀的日本海上自衛隊派出神盾艦「妙高」參加典禮。當時「妙高」在兩個月之前，以神盾雷達成功追蹤到北韓發射的大浦洞彈道飛彈，此消息在韓國也廣為人知。筆者進行採訪時乘坐的船，和觀艦式上被招待的VIP及各國武官們搭乘的是同一艘補給艦。

金大中總統（當時）所在的觀閱艦以及在其後方靜靜隨行的、我們所乘坐的補給艦，安靜地航行經過了停泊於觀光景點太宗台的各國招待艦艇旁，只有隱約可聞的各國軍艦號令聲、艦內擴音器放送的各國招待艦艇介紹聲，以及我們的相機快門聲，在沈靜的海面上迴響。

隨著介紹的順序，終於到了日本海上自衛隊「妙高號」了。擴音器中以韓語及英語廣播道：「接著是日本的妙高號，不久之前追蹤到了北韓的飛彈。」在那一瞬間，艦內響起一陣喧嘩，甚至有人起立或鼓掌。

觀艦式之後進入港口，韓國媒體蜂湧而至「妙高」處。「妙高」的幹部雖然以英語說明，但當時所有的韓國記者都不懂英文，所以由一位會說韓文的記者前輩來翻譯。許多韓國記者對於神盾艦提出了各個問題，當晚的新聞中，對妙高號也做了與觀艦儀式一樣長度的報導。日本擁有神盾艦是理所當然的一對於抱著此一想法的筆者而言，這一天的經驗，讓我又重新認識了神盾艦存在的重要性。

「妙高」雖然沒有擊落大浦洞飛彈，但仍倍受注目。韓國記者表示：「日本能夠追蹤並尾隨到飛彈，相比之下我們什麼都做不到，差異實在很大。」在當時，計劃引進高性能防空艦的韓國海軍不採用其他的防空系統，而使用了神盾系統。當時一位國防省裝備部門的海軍幹部告訴我，自從「妙高」成功追蹤到大浦洞飛彈之後，擁有神盾艦的防空計劃便持續進展。「神盾艦」儼然是個品牌了。

無庸置疑，神盾艦是代表一個國家的戰鬥艦。但擁有神盾艦的國家，在全球123國的海軍中，卻僅僅只有五國（2009年至今）。正因為如此，神盾艦艦名會以符合該國海軍的形象來命名。日本是以舊海軍的戰艦或重巡洋艦的名字命名，其他國家則以與海軍有關的人物來命名。美國海軍的神盾艦柏克級，名字就是源自美國海軍上將亞里柏克。

筆者某次採訪了以橫須賀為母港的神盾艦「史蒂森號」，在那時筆者問了新聞祕書官「史蒂森」此名是取自哪位偉大的將軍，新聞祕書官回答：「這艘船的名字是從一位二等兵羅伯特迪恩史蒂森的名字而得來的。」老實說，我對於二等兵的名字可以成為神盾艦的名稱而感到十分吃驚。1985年6月14日，於雅典上空被劫機的TWA航空847航班的152名乘客中，史蒂森二等兵以美國軍人此一理由被劫機犯槍殺，成為該機唯一的犧牲者。新聞祕書官說道：「史蒂森軍人的勇氣是我們乘員的驕傲。」

對於世界上最強的戰鬥艦—神盾艦，知道得越多，就越能看得見該國的信念及海軍的作戰、乘員的驕傲。如果經由本書而對神盾艦產生興趣的話，日本海上自衛隊或駐日美軍在慶典上會公開展示神盾艦，屆時請務必前往觀看。除了能感受到最強戰鬥艦的威力外，從掌船海員們的談話中，也能體會到大海的浪漫。

柿谷哲也

宙斯寶盾！神盾艦防禦系統超強圖解

絕對要認識！堅不可摧的神等級戰鬥艦

CONTENTS

CONTENTS

第1章

什麼是神盾艦？

所謂的「神盾艦」，
沒聽過的人應該很少吧！
然而，似乎很少有人能真正理解
這種船具有什麼樣特徵，
首先，就從神盾艦的基礎開始解說吧！

屬於日本海上自衛隊的神盾艦「霧島」，本照片攝於左舷角度。是在夏威夷海上演習的樣子。

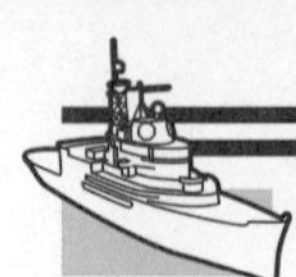

需要神盾艦的理由❶
1-01 —以航空母艦為目標的蘇聯轟炸機是巨大威脅

2009年至今，擁有**神盾艦**的國家，包含日本共有五國。首先研發出此艦的是美國海軍。神盾艦對美國海軍而言，曾是不可或缺的軍艦。在東西方冷戰時期，對美國海軍的航空母艦機動艦隊而言，最大的威脅是蘇聯空軍和海軍的長距離轟炸機。因為美國沒有能和蘇聯強大的長程攻擊能力相對抗的航空母艦艦隊，蘇聯的轟炸機因此有能力擊沈美國的航空母艦，而航空母艦是高價武器的代表，如果被擊沈的話，在美國國家精神上的損失是無法估計的。在冷戰時期，也曾發生過如古巴飛彈危機等核武戰爭一觸即發的危機事件，蘇聯配備了能夠擊沈航空母艦的長距離轟炸機。因此美國無論如何都需要守護自己的艦隊。

鑑於第二次世界大戰的珍珠港事件，美國深切感受到軍艦對於從空中而來的突襲抗衡力弱。戰後，美國海軍為了對抗代替日軍而起的新威脅—蘇聯的轟炸機及由轟炸機發射的反艦飛彈，開始致力於對空飛彈的開發。然而，對空飛彈的命中精確度或是連續發射的能力、對空雷達的搜索能力等性能不夠，因此對轟炸機的反擊，只能由航空母艦派出戰鬥機迎戰。類似日本的珍珠港事件，或是如蘇聯所計劃的一次派出大量攻擊機或轟炸機，使用超出對方防空能力限度的攻擊，稱為「**飽和攻擊**」。美國**判斷無法承受的飽和攻擊，是航空母艦搭載的戰鬥機、或是與航空母艦隨行的驅逐艦之對空飛彈，**因此在基礎上修正了自身的防空系統。

日本海軍對珍珠港的攻擊，造成軍機突襲的恐怖感深植於美國人心中，此事件與日後防空系統的強化也有所關聯。

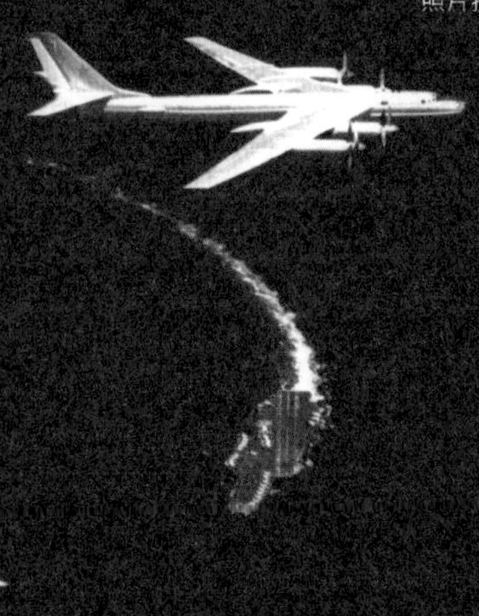

1981年12月1日，太平洋上方接近航空母艦「小鷹號」的蘇聯轟炸機Tu95（上），以及迎擊的戰鬥機F-14A（下）。冷戰期間，由於蘇聯會像這樣重複進行強行偵察，所以對空飛彈的強化是必要的。

需要神盾艦的理由❷
1-02 —使航空母艦能夠專注於對地及對海攻擊

1970年代，由美國海軍研究機構及國防工業承包商洛克希德馬丁公司持續研發的防空系統，是劃時代的產物。此一被稱為「神盾系統」的防空系統，由於擁有強力的雷達及高性能的電腦，所以在極遠處就可以偵測到敵方飛機，然後藉由電腦的演算，對於多重威脅能夠排出優先順位，依照威脅大小的程度來依序發射對空飛彈。

過去雷達及電腦無法做到的事現在已經達成了，所以美國海軍正式決定將神盾系統配置於巡洋艦及驅逐艦上。1983年，提康德羅加級巡洋艦的第一號艦「提康德羅加」就役，這也是神盾艦的誕生。航空母艦機動艦隊由於有神盾艦隨行，所以航空母艦搭載的戰鬥機其任務不再是防空，而回歸原本的目的—對地及對海攻擊。神盾艦的登場，不只對艦隊防空有所貢獻，**也讓航空母艦能夠專注於對地及對海攻擊。**

日本的海上自衛隊也擁有神盾艦。日本由於沒有航空母艦，所以擁有神盾艦的理由是其他原因。日本海上自衛隊擁有類似外國海軍稱為驅逐艦的護衛艦，而神盾艦也屬於護衛艦之一。日本海上自衛隊的護衛艦，最重大的責任是**守衛日本的生命線—油輪或貨船的航路（海上交通線）**。藉由護衛艦的警戒監視，可以保護商船不受到敵方軍機攻擊，這是日本海上自衛隊購入神盾艦的理由之一。

➔配有神盾系統，進行測試的「諾頓峽號」實驗艦。艦橋上部的神盾雷達特徵明顯。

➔1983年1月就役的提康德羅加級巡洋艦的第一號艦「提康德羅加」。基線0、1（→P.19）的五艘提康德羅加級巡洋艦已全數除役。

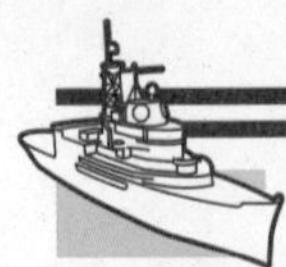

1-03 什麼是神盾武器系統？——對空作戰的中樞作戰系統

神盾艦將搭載的各種儀器系統化。與神盾相關的系統總稱是**神盾武器系統**（AWS：Aegis Weapon System）與**神盾戰鬥系統**（ACS：Aegis Combat System）這兩種系統，一般而言，神盾系統是指神盾武器系統。

理由很簡單，神盾武器系統由防空雷達、情報處理裝置及對空飛彈構成，是以保衛自身及友軍艦艇的防空戰為目的，在神盾計劃的基礎上所開發出來的系統。相較之下，神盾戰鬥系統則是用於攻擊敵艦的海戰、攻擊敵方潛艦的反潛戰，以及攻擊如敵方陸上基地等軍事據點的地面作戰等。在神盾開發之前就有的武器或管制儀器也全數涵括在內。

神盾武器系統作為水面艦配備的作戰系統，統合了目標的偵測、追蹤、解析、判斷及攻擊，被全世界公認為是能力最佳的武器系統總稱。美國海軍的官方名稱為「Weapon System Mk7」。

系統分為「感測」、「制禦裝置」、「武器」三領域。感測上具有能偵測、追蹤目標的SPY-1雷達（❶），它也是神盾艦外觀上的象徵物。此一SPY-1雷達可以追蹤、鎖定飛行物體。制禦裝置上有指揮決策系統（❷），可以判斷飛行物體是敵方或我方，並決定敵方威脅度及攻擊度的順序。一旦決定攻擊，就由武器控制系統（❸）控管飛彈。神盾顯示系統（❹）、作戰判斷檢視系統（❺）、神盾戰鬥訓練系統（❻）也是制禦裝置的相關機器。射擊指揮系統（❼）也是制禦裝置，但在構成零件上設有天線，此天線發射的電波是為了替對空飛彈做終端導引。

武器則有飛彈發射器的垂直發射系統（❽）和制式飛彈（❾）。一旦決定攻擊後，垂直發射系統就會發射對空飛彈，由射擊指揮系統導引飛彈。在系統中，絕大多數的制禦裝置中，都有一個被稱為戰鬥情報中心（CIC：Combat Information Center）的房間。日本海上自衛隊稱其為戰鬥情報中樞。

運用神盾武器系統（亦即防空戰）的方式，簡單來說就是偵測、追蹤→判斷→攻擊，如此一再重複。神盾艦或是其他水面艦的流程都是一樣的，只是神盾艦在神盾武器系統的判斷上，配置了能夠高度處理及自動化的制禦裝置，這是神盾艦與其他艦有著重要差別的原因。例如，非神盾艦的一般艦艇，在敵機發射數枚對艦飛彈時，艦長一定要一邊判斷各個目標，一邊下達「攻擊」的指令。當敵機及敵方飛彈數量多的時候，這樣會來不及應戰。然而如果是神盾艦的話，可以在事前預定好擊落所有目標物的設定。

這種設定稱為「全自動模式」，當設定好之後，一直到模式解除之前，都完全不需人力介入，就可以全自動的迎擊所有目標，因此可說是神盾艦最大的武器。除此之外的模式，依人為操作多寡的順序還有「手動模式」、「半自動模式」、「自動模式」等，依戰局、戰時／平時分開使用。

二 神盾武器系統的組成

神盾戰鬥系統中，作為主要防空戰的九個核心部位，稱為神盾武器系統。由這九個核心部位構成的系統，在美國海軍中的正式編號是Weapon System Mk7。

(→p.64)

❶ SPY-1 雷達

通稱，也稱為神盾雷達。是搜索敵人用的高性能偵測雷達。

神盾 LAN 接續系統
(ALIS：Aegis LAN Interconnect System)

(→p.156)

❷ 指揮決策系統
(C & D Command and Decision system)

對於來襲的敵軍，自動排列出威脅優先順位，讓具有攻擊決定權的艦長易於判斷。

❸ 武器控制系統
(WCS：Weapon Control system)

自動選擇攻擊時需要的飛彈，並具有發送資料及發射指令的機能。

❹ 神盾顯示系統
(ADS：Aegis Display System)

由大型顯示器及管理裝置等構成，將作戰中的情報統一以圖解表示出來。

❺ 作戰判斷檢視系統
(ORTS：Operational Readiness and Test System)

檢測神盾武器系統運作是否正常，並自動修復有問題的部分。

❻ 神盾戰鬥訓練系統
(ACTS：Aegis Combat Training System)

提供操作員的模擬訓練。

❼ 射擊指揮系統
（FCS：Fire Control System）
負責對空飛彈的導引及控管。由SPG-62照明雷達及管理機器等構成。

（→p.108）

（→p.68）

❽ 垂直發射系統
（VLS：Vertical Launching System）
將對空飛彈垂直裝填、發射的發射器。

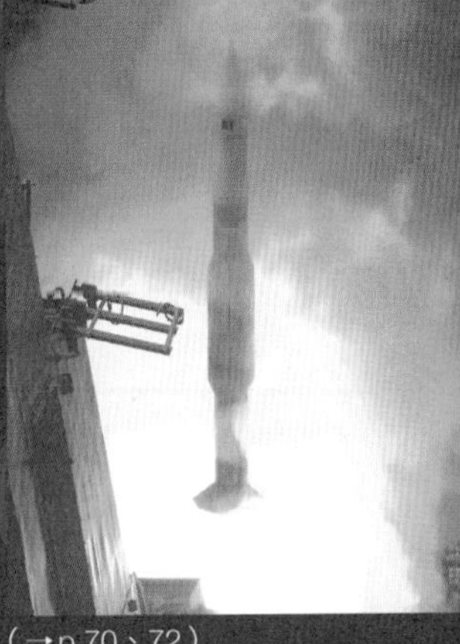

❾ 標準飛彈
（SM：Standard Missile）
迎擊目標的對空飛彈。有SM-2或SM-3等依目的或能力而不同的系列。

（→p.70、72）

1-04 神盾戰鬥系統 —控制所有搭載的武器

神盾戰鬥系統是在前述防空戰的神盾武器系統上，再加上適用於反潛戰、地面戰爭等的武器和控制儀器，也可以稱為神盾艦本身的系統。神盾艦在過去就配備了多種武器。現有武器的控制機器和神盾武器系統的控制機器相結合，由戰鬥情報中心統一管理。運用的流程和神盾武器系統一樣，為偵測・追蹤→判斷→攻擊。

例如反潛戰中，位於艦首水面下的船首聲納，扮演著雷達的角色。船首聲納偵測到的潛艦位置，會由反潛戰處理裝置來解析。到此為止神盾艦和一般的艦艇都是相同的，但是在神盾戰鬥系統中，會將反潛戰處理裝置的情報，經由LAN的傳達，傳送到神盾武器系統的指揮決策系統，再由艦長來判斷要不要攻擊。如果艦長決定攻擊，就會經由反潛戰火藥控制裝置的管制，從垂直發射系統發射反潛火箭、或是從魚雷發射管發射魚雷。

若是想要對敵區進行使用戰斧巡弋飛彈的打擊戰，雖然不需要用到搜索敵人的雷達，但司令部會以衛星通訊將目標物的位置情報、攻擊時間、攻擊場所、攻擊規模等，傳達到神盾戰鬥系統的統合戰術電腦終端機上。此一情報會以LAN發送至位於戰鬥情報中心的先進戰斧武器控制系統，情報分析後會統合至戰鬥情報中心。艦長看了顯示螢幕表示的情報，會決定發射戰斧巡弋飛彈的時機，在下達指令後，先進戰斧武器控制系統會輸入目標情報給垂直發射系統內的戰斧巡弋飛彈，接著發射出去 。

從這兩個例子可以得知，在各種戰鬥場合的一連串過程中，戰鬥情報中心和LAN的一部分，以及垂直發射系統是屬於神盾武器系統；其他則屬於神盾戰鬥系統。也就是說，神盾艦是為了神盾系統而研發的機器和既有的武器系統兩者結合而成的戰鬥艦。

神盾戰鬥系統也分成不同版本，神盾的演進版本稱為**基線**。1980年最先登場的神盾艦提康德羅加級，配備的是神盾戰鬥系統基線1（在2號艦之前也稱為基線0），隨著新造艦配備新的機器，基線也會跟著升級。雖然基線的數字越大，代表版本越新，但即使是舊的版本，也可以升級或是配備具有特別任務的系統，因此光憑基線數字是不能判定戰鬥力強弱的。

然而，由於基線1的5艘艦艇沒有裝備垂直發射系統，所以已全數除役了。如果想要繼續服役，必需改造成具備有垂直發射系統，但所需費用會十分龐大。現在配備有垂直發射系統的神盾艦，在船身老舊前會持續進化升級。未來登場的新式對空飛彈，也會開發成利用現今的垂直發射系統就能夠使用的飛彈。

此外，基線6第1階段之後，也將民間電腦技術加於系統上。從基線7第1階段起，電腦處理器也加入了民間用品，除此之外還有很多民間用品被採用。這種情況稱為神盾戰鬥系統的開放式架構，今後也會持續增加。

神盾戰鬥系統運用的概念

接收裝置

SPY-1 雷達
（→p.64）

反水面雷達
（→p.152）

敵我辨識系統
（→p.106）

其他接收裝置

統合戰術終端機
聯合接戰系統
統合海上指揮情報系統
指揮統籌處理裝置
（戰術資訊鏈路）等

制御裝置

指揮決策系統
武器控制系統
神盾顯示系統
作戰判斷檢視系統
神盾戰鬥訓練系統
（→p.156）

電子干擾裝置
（→p.92）

船首聲納
（→p.88）

沈降聲納
（→p.116）

攻擊裝置

垂直發射系統
（→p.68）

標準飛彈
（→p.70、72）

照明雷達
（→p.108）

戰斧巡弋飛彈
（→p.78）

5英呎（127㎜）砲
（→p.84）

CIWS（方陣式）
（→p.82）

魚雷
（→p.90）

直升機
（→p.98）

其他
防禦裝置等

1-05 神盾艦和一般艦的差別
—具有壓倒性防空能力的神盾艦

神盾艦和其他水面戰鬥艦最大的差異，在於防空系統十分卓越。神盾艦上所裝備、被稱為神盾雷達的SPY-1防空雷達，與一般艦所裝備的固有迴轉雷達相比，能夠搜索到敵人的距離明顯增大，此外由自然環境造成的電波衰減也很少，所以敏感度極佳。因此對於敵方攻擊機或戰鬥機而言，神盾艦是最大的威脅。神盾艦與一般艦最大的不同之處，可以說是**防空雷達及其處理能力**，正因如此，神盾艦成為了價格不菲的兵器，此外，指揮的司令官或艦長是上級軍官這一點，也是很大的不同處。

敵方艦隊司令官對所屬直升機下達攻擊命令時，如果在攻擊目標的艦隊中包含神盾艦的話，很有可能在一開始就是以神盾艦為首殺目標。

理由有很多，其一是戰術層面。由於神盾艦擔任艦隊防空的職責，如果先把神盾艦擊沈，那麼就能更輕易地攻擊其他一般艦艇了。如果目標不是放在擊沈神盾艦，而是先攻擊其他一般艦的話，保衛一般艦的神盾艦會發射防空飛彈，讓我方直升機一一被擊落，當所有的有效手段（攻擊機或反艦飛彈）都消失的時候，就會連攻擊神盾艦的餘力都喪失。其二是美國之外的神盾艦擁有國，由於神盾艦是艦隊旗艦，所以指揮官在裡面的可能性很高，只要打倒「**敵方主將**」，就會造成艦隊指揮系統的混亂。神盾艦屬於高價位武器也是理由之一。只要破壞了昂貴的兵器，對國家的精神損害是很大的。

照片提供：美國海軍

↑提康德羅加級的原型史普魯恩斯級驅逐艦。照片為2003年的當時現役同級22號艦。雖然並非神盾艦，但與其他海軍艦相比，仍是當時能力極佳的驅逐艦。

照片提供：美國海軍

↑2005年為止的當時現役初期型（基線1）提康德羅加級巡洋艦「文森尼斯號」。上部構造物的配置等與史普魯恩斯級雖然類似，但是由於裝備了神盾系統，所以艦橋部位的雷達等外觀不同。

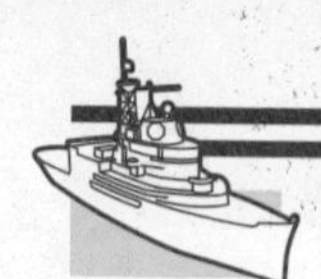

1-06 軍艦的分類與神盾艦的關係 —配備神盾系統的屬於神盾艦

「軍艦」依國際法定義為：「屬於軍方」、「由軍方將校掌控航行」、「懸掛海軍旗等標示國籍的旗幟」、「由軍人執行乘務」。與所屬是海軍或陸軍、是否有配備武器等沒有關係。軍艦依任務可以粗分為「**水面艦**」、「**潛艦**」，而水面艦又分為身為戰鬥主力的「**水面戰鬥艦**」以及支援補給的「**補給艦**」。去除航空母艦以外的水面戰鬥艦，以排水量大小順序來說可以分成「**巡洋艦**」、「**驅逐艦**」、「**巡防艦**」、「**巡航艦**」。「**戰艦**」雖然比巡洋艦還要大，但自從美國愛荷華級戰艦於1991年除役之後，目前全球已沒有現役的戰艦了，

不過實際上，如日本海上自衛隊的「愛宕」型護衛艦等，大小和原本的巡洋艦一樣。歐洲各國主力的巡防艦，有的大小也跟驅逐艦並列。在裝設的配備上，驅逐艦跟巡防艦的差異並不大，當巡防艦作為中古品賣至國外後，購買國將其命名為驅逐艦的例子也是有的。水面戰鬥艦的艦種，依該國的認知而各有不同。

至今，神盾艦的名字還沒出現在其中，但本來軍艦的艦種就沒有神盾艦這種分類，**配備神盾系統的艦全部都稱為神盾艦**。現在美國的巡洋艦和驅逐艦皆為神盾艦。西班牙和挪威的神盾艦被歸為巡防艦。韓國的神盾艦被視為驅逐艦；日本海上自衛隊則不使用巡洋艦或驅逐艦的稱呼，而是護衛艦，因此日本神盾艦屬於護衛艦之一。

以排水量或船體大小做為基準的軍艦分類

美國海軍的軍艦（艦艇順序由大至小）

戰艦

（愛荷華級：全長270m，滿載排水量58000噸）

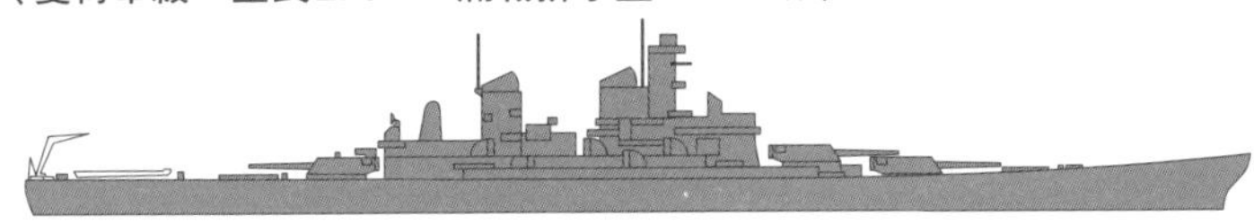

巡洋艦

（提康德羅加級：全長173m，滿載排水量9600噸）

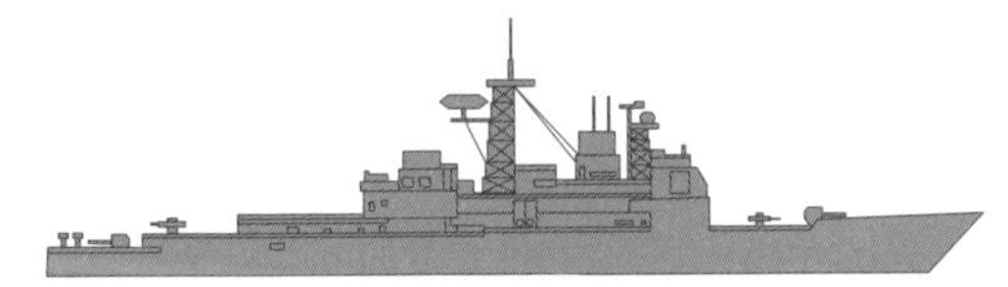

驅逐艦

（柏克級Flight ⅡA：全長155m，滿載排水量9200噸）

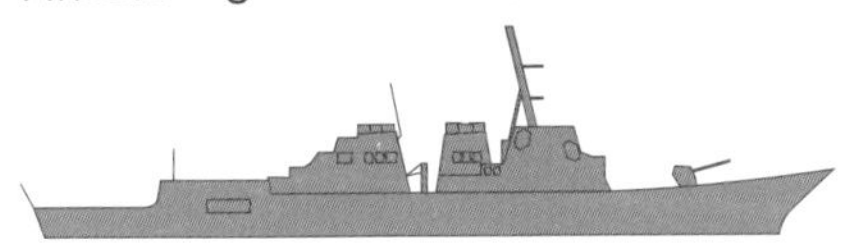

巡防艦

（派里級：全長135m，滿載排水量4100噸）

巡邏艇

（旋風級：全長52m，滿載排水量331噸）

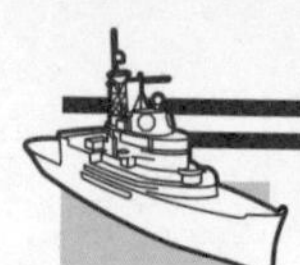

1-07 神盾艦的部隊編制—美國海軍❶

神盾系統由於是高價武器，所以能夠買得起神盾艦的國家少之又少。不過美國海軍的巡洋艦和驅逐艦全部都是神盾艦，總數有77艘，除此之外還有仍在建造中的。擁有了這些神盾艦，就能夠投入大規模的海軍作戰。神盾艦也可以守衛航空母艦、登陸艦，或是單獨巡邏或監視。現在就來解說具有航空母艦（實際上配備飛機的）打擊力、用以攻擊敵人的艦隊─**航空母艦攻擊群**（CSG：Carrier Strike Group）的標準編制。

航空母艦攻擊群的司令部在航空母艦內，稱為「**旗艦**」。旗艦的「**旗**」代表司令官在艦內。標準的航空母艦攻擊群以一艘尼米茲級核子動力航空母艦（或是企業號核子動力航空母艦）為旗艦，以及提康德羅加級巡洋艦1艘或2艘、柏克級驅逐艦2艘或3艘，以及洛杉磯級原子動力潛艦1艘或2艘編成。

身為神盾艦的提康德羅加級巡洋艦，使命是專門保衛航空母艦，就算其他艦全數沈沒也要死守航空母艦。還有另一種神盾艦柏克級驅逐艦，是由驅逐中隊（DESRSON）所派遣，用以包圍艦隊，防守敵方飛機或反艦飛彈、潛艦。若發現了敵方的水面艦，其任務便是脫離艦隊作為誘餌，以讓敵艦離開艦隊。洛杉磯級原子動力潛艦由潛艦隊（SUBRON）所派遣，任務是在距離艦隊極前處潛航，偵測有無敵方潛艦或水面艦。此艦的旁邊會跟隨著補給燃料、彈藥、零件及食糧等的補給艦。

美國航空母艦攻擊群編制一例

尼米茲級核子動力航空母艦（或企業號核子動力航空母艦）……1艘
提康德羅加級巡洋艦……1艘或2艘
柏克級驅逐艦……2艘或3艘
洛杉磯級原子動力潛艦……1艘或2艘

照片提供：美國海軍

對潛戰演習結束後，航行於太平洋的航空母艦攻擊群。以尼米茲級航空母艦「史坦尼斯號」為中心，還包含了日本海上自衛隊的自衛艦。

照片提供：美國海軍

以航空母艦「亞伯拉罕林肯號」為中心的航空母艦攻擊群，航行於印度洋中。航空母艦的後方2艘為柏克級、再後面為提康德羅加級。提康德羅加級直接保衛航空母艦。

1-08 神盾艦的部隊編制——美國海軍❷

美國海軍的**提康德羅加級巡洋艦**（CG：Cruiser Guided missile）直屬於**航空母艦攻擊群**或是**水面大隊**（NSG：Naval Surface Group）。而**柏克級驅逐艦**是屬於**驅逐艦隊**，在航空母艦攻擊群出海作戰時，會由各驅逐艦隊派遣數艘柏克級驅逐艦隨行。此外，CG是美國海軍表示導彈巡洋艦的艦種記號；DDG是表示導彈驅逐艦的艦種記號。以下為美國海軍神盾艦的配備狀況。此外，各攻擊群、各驅逐艦隊及艦名旁的地名為母港。

航空母艦攻擊群

第2航空母艦攻擊群（諾福克）
Leyte Gulf（CG 55）
Vella Gulf（CG 72）

第3航空母艦攻擊群（聖地牙哥）
Antietam（CG 54）
Lake Champlain（CG 57）

第5航空母艦攻擊群（橫須賀）
Cowpens（CG 63）
Shiloh（CG 67）

第7航空母艦攻擊群（聖地牙哥）
Chancellorsville（CG 62）

第8航空母艦攻擊群（諾福克）
Anzio（CG 68）
Normandy（CG 60）

第9航空母艦攻擊群（艾略特）
Mobile Bay（CG 53）

第11航空母艦攻擊群（科羅拉多）
Princeton（CG 59）
Bunker Hill（CG 52）

第12航空母艦攻擊群（諾福克）
San Jacinto（CG 56）
Gettysburg（CG 64）
Vicksburg（CG 69）

水面大隊

水面大隊
Philippine Sea（CG 58）（五月港海軍基地）
Hué City（CG 66）（五月港海軍基地）
Monterey（CG 61）（諾福克）
Cape St. George（CG 71）（聖地牙哥）

水面大隊中部太平洋
Chosin（CG 65）（珍珠港）
Lake Erie（CG 70）（珍珠港）
Port Royal（CG 73）（珍珠港）

驅逐艦隊

第1驅逐艦隊（聖地牙哥）
Sterett（DDG 104）

第2驅逐艦隊（諾福克）
Arleigh Burke（DDG 51）
Stout（DDG 55）
Gonzalez（DDG 66）
Donald Cook（DDG 75）
Porter（DDG 78）
Forrest Sherman（DDG 98）

第7驅逐艦隊（聖地牙哥）
Decatur（DDG 73）
Benfold（DDG 65）
Howard（DDG 83）
Halsey（DDG 97）
Gridley（DDG 101）

第9驅逐艦隊（艾略特）
MONSEN（DDG 92）
Shoup（DDG 86）

第15驅逐艦隊（橫須賀）
Curtis Wilbur（DDG 54）
John S. McCain（DDG 56）
Fitzgerald（DDG 62）
Stethem(DDG 63)
Lassen（DDG 82）
McCampbell（DDG 85）
Mustin（DDG 89）

第21驅逐艦隊（聖地牙哥）
Milius（DDG 69）
Preble（DDG 88）
Kidd（DDG 100）

第22驅逐艦隊（諾福克）
Cole（DDG 67）
Mason（DDG 87）
Mahan（DDG 72）
McFaul（DDG 74）
Nitze（DDG 94）

第23驅逐艦隊（聖地牙哥）
John Paul Jones（DDG 53）
Higgins（DDG 76）
Pinckney（DDG 91）
Sampson（DDG 102）

第24驅逐艦隊（五月港海軍基地）
Carney（DDG 64）
The Sulivans（DDG 68）
Roosevelt（DDG 80）
Farragut（DDG 99）

第26驅逐艦隊（諾福克）
Ross（DDG 71）
Oscar Austin（DDG 79）
Winston S. Churchill（DDG 81）
Berkeley（DDG 84）
James E. Williams（DDG 95）

第28驅逐艦隊（諾福克）
Barry（DDG 52）
Mitscher（DDG 57）
Laboon（DDG 58）
Ramage（DDG 61）
Bainbridge（DDG 96）

第31驅逐艦隊（珍珠港）
Chafee（DDG 90）
Chung-Hoon（DDG 93）
Hopper（DDG 70）
O'KANE（DDG 77）
Paul Hamilton（DDG 60）
Russell（DDG 59）

※2009年6月至今

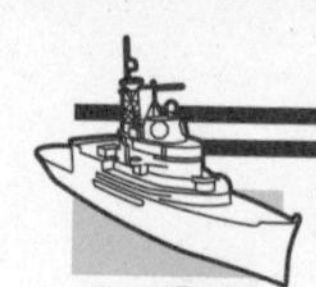

1-09 神盾艦的部隊編制—日本海上自衛隊❶

日本海上自衛隊的部隊編制上，在最大單位的「**自衛艦隊**」下，有**護衛艦隊**、**潛水艦隊**、**航空集團**等，擔任日本海上自衛隊的重要角色。護衛艦隊下有4隊**護衛隊群**，而各**護衛隊**群由2支護衛隊編制而成，一個護衛隊有4艘船。也就是說護衛隊共有8隊，而其中有6隊配有神盾艦。

日本海上自衛隊有「愛宕」型護衛艦2艘和「金剛」型護衛艦4艘，共2型6艘神盾艦。而面對與周邊國家鄰接的日本海，以及中共軍事活動頻繁的九州西方海域的佐世保基地，配有第2護衛隊的「足柄」、第5護衛隊的「金剛」及第6護衛隊的「鳥海」。面對日本海的舞鶴基地則配置有第3護衛隊的「愛宕」和第7護衛隊的「妙高」。位於太平洋岸的橫須賀基地，則配有第8護衛隊的「霧島」。

位置在容易進出日本海的佐世保基地和舞鶴基地的「金剛」型，配備了具有彈道飛彈防禦能力的**神盾BMD**，在戰略上採取的是能夠迎擊來自日本海的北韓彈道飛彈的攻擊。其他基地的金剛型也依序配備了神盾BMD。

各神盾艦雖然會與所屬的護衛隊或是其他護衛隊所屬的艦一起團體行動或是單獨行動，但仍是具有特別性能、數量有限的護衛艦。因此神盾艦是要執行警戒監視活動或是要聽命待機，皆是採取配合整備行程輪番出動的方式，為了不會出現警備的空窗時段，也做了一番調整。

護衛艦隊的基地

日本海上自衛隊橫須賀基地由左至右：「金剛」、「飛鳥」、「雷」、「大波」。「金剛」為神盾艦，「飛鳥」是用以作為實驗艦載兵器的試驗艦。

日本海上自衛隊舞鶴基地前方為補給艦「摩周」，後方則可以看到護衛艦「濱雪」等。

日本海上自衛隊佐世保基地可以看見護衛艦「鞍馬」（右）和補給艦「濱名」。

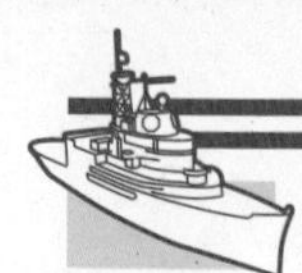

1-10 神盾艦的部隊編制 —日本海上自衛隊❷

前述日本海上自衛隊的護衛隊，在保衛日本的領海以及確保日本生命線的海上交通線上，扮演了主要的角色，而災害時的派遣及國際貢獻也是任務之一。

隸屬護衛隊的護衛艦編制，除了導彈護衛艦（DDG）之外（包含以航空為主任務的神盾艦），還有具多目的任務的泛用護衛艦（DD：Destroyer），能夠搭載3架直升機的直升機護衛艦，則是每4隊護衛隊群會配有一艘。

各護衛艦除了在同一護衛隊下採取行動外，也會與其他護衛隊

❷ 日本海上自衛隊之護衛隊群的部隊編制

- 自衛艦隊（橫須賀）
  - 護衛艦隊（橫須賀）
    - 澤風（DDG170、旗艦）
    - 第1護衛隊群　司令部：橫須賀基地、神奈川
    - 第2護衛隊群　司令部：佐世保基地、長崎縣
    - 第3護衛隊群　司令部：舞鶴基地、京都府
    - 第4護衛隊群　司令部：吳港基地、廣島縣

※紅字為神盾艦。母港是指該艦通常停泊的港口。

照片提供：日本海上自衛隊homepage

護衛艦隊的旗艦「澤風」

的護衛艦合作執行任務，為了能夠靈活運用，平日也會進行訓練。以下為隸屬「**護衛艦隊**」的「**護衛隊群**」和「**護衛隊**」所屬的護衛艦配置。

護衛隊	基地	艦名	母港	艦名	母港
第1護衛隊	橫須賀	日向（DDH 181）	橫須賀	島風（DDG 172）	佐世保
		村雨（DD 101）	橫須賀	曙（DD 108）	吳港
第5護衛隊	橫須賀	金剛（DDG 173）	佐世保	雷（DD 107）	橫須賀
		涼波（DD 114）	舞鶴	澤霧（DD 157）	佐世保
第2護衛隊	佐世保	鞍馬（DDH 144）	佐世保	足柄（DDG 178）	佐世保
		夕霧（DD 153）	大湊	天霧（DD 154）	舞鶴
第6護衛隊	佐世保	鳥海（DDG 176）	佐世保	春雨（DD 102）	橫須賀
		高波（DD 110）	橫須賀	大波（DD 111）	橫須賀
第3護衛隊	舞鶴	白根（DDH 143）	舞鶴	愛宕（DDG 177）	舞鶴
		卷波（DD 112 ）	佐世保	瀨戶霧（DD 156）	大湊
第7護衛隊	舞鶴	妙高（DDG 175）	舞鶴	驟雨（DD 103）	佐世保
		霧雨（DD 104）	佐世保	有明（DD 109）	佐世保
第4護衛隊	大湊	比叡（DDH 142）	吳港	旗風（DDG 171）	橫須賀
		濱霧（DD 155）	大湊	海霧（DD 158）	吳港
第8護衛隊	吳港	霧島（DDG 174）	橫須賀	電（DD 105）	吳港
		五月雨（DD 106）	吳港	漣（DD 113）	吳港

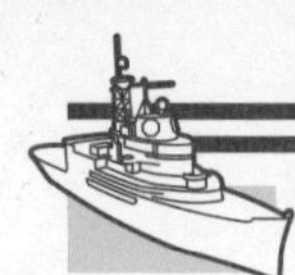

1-11 神盾艦的價位——從600億日圓到1000億日圓以上

目前美國海軍的現役巡洋艦和驅逐艦全為神盾艦，其數量共有77艘，能夠將這些艦艇全部配備成高價位神盾艦的國家，只有美國這種擁有巨額國防預算的國家做得到。世界上絕大多數的國家，不要說神盾艦，就連新型的一般戰鬥艦都不太買得起。

那麼，擁有神盾艦的日本、韓國、西班牙及挪威果然比較特別嗎？其他先進國家為什麼不購買神盾艦呢？背景在於神盾艦內部配備上的不同，以及武器產業競爭白熱化之故。

美國海軍於1981年配備的提康德羅加級巡洋艦，是以史普倫斯級驅逐艦為基礎，再配備上神盾系統所發展出來的。價格為史普倫斯級約1.5倍的1200億日圓。新型且船體是依新規格設計而成的柏克級驅逐艦，也是大約要價1170億日圓。日本的「金剛」型約1223億日圓、「愛宕」型約1453億日圓。韓國的世宗大王級約1230億日圓。

然而，挪威的神盾艦，價格卻是其他國家半價的600億日圓。這是因為神盾雷達並非SPY-1D，而是能力略差的SPY-1F，以及選擇了簡易版的情報處理系統之故。美國雖然也推薦其他先進國家使用神盾系統，但是英國、法國、荷蘭、德國及義大利並沒有使用神盾系統，而是請歐洲企業獨自開發出類似神盾系統的防空系統，最後以700～900億日圓左右的價格，引進高性能的防空艦。

照片提供：美國海軍

↑美國海軍的神盾驅逐艦「唐納德庫克號」，及其後方的西班牙海軍神盾巡防艦「艾爾巴德凡薩號」。雖說都是神盾艦，但兩者在雷達的能力及處理裝置上不同。西班牙的神盾艦價格只有美國的一半，但儘管如此，仍比其他海軍的防空能力高。

1-12 擁有神盾艦的條件
—神盾艦要合買才划算

美國海軍將自家開發的神盾系統配備於所有驅逐艦及巡洋艦上。然而神盾艦這種高昂的兵器，就算是有充足國防預算的美國，負擔也是很大的，所以美國也想要盡可能抑制建造上的經費。由於美國只要生產越多的神盾系統（尤其是雷達），就越能夠減少成本，所以美國國防部允許**出口神盾系統給同盟國**。如此一來，美國自身裝備的神盾價格也可以降低。

美國允許將神盾系統出口的國家，有美國的強力同盟國日本、NATO（北約組織）的聯盟國西班牙、挪威，而最近另一個亞洲同盟國—韓國也可以進口神盾系統了。韓國的國防預算雖然增加了，但在引進神盾系統上，價格仍然是個問題，但由於同一時間從日本有1組訂單、美國有3組訂單，所以韓國便趁著這個機會努力設法增加了可以購買神盾艦的國防預算。此外，澳洲今後也有就役的打算。

擁有神盾艦的國家雖然很多，但其條件首先是需要美國的許可，而且是有購買神盾系統預算的國家。除了美國海軍以外，世界上有124個國家和地方的海軍，比巡防艦規模還大的主力艦總數約有1000艘。扣除掉美國的神盾艦，約有925艘，而神盾艦在其中僅僅占了約1.8%。然而絕大多數國家的海軍光是擁有巡防艦就很吃力了，所以神盾艦更是限定極少數海軍才能擁有的軍艦。

照片提供：PLATOON MAGAZINE

↑「世界神盾俱樂部」的新成員—韓國。韓國海軍的財政規模要引進神盾系統實為不易。照片為2008年12月就役的韓國海軍神盾艦「世宗大王」。

各國神盾艦的擁有狀況

國名	艦數
美國	77（7）
日本	6
西班牙	4（2）
挪威	5
韓國	1（2）
澳洲	0（3）

※括號內為已下訂的艦數

1-13 提康德羅加級巡洋艦—初期型

提康德羅加級巡洋艦是以史普倫斯級驅逐艦為基礎，再配備上神盾戰鬥系統的初期實用神盾艦。1983年1號艦「提康德羅加」配備了神盾系統。滿載排水量比史普倫斯級驅逐艦還要多出1900噸，為9600噸，被分類為巡洋艦。由於與史普倫斯級驅逐艦相比，提康德羅加級除了神盾戰鬥系統之外沒有太大差異，因此這約1900噸的重量，可以說是與神盾系統相關的儀器重量。

1號艦及2號艦被歸類為神盾戰鬥系統基線0，而3號到5號艦被歸類為神盾戰鬥系統基線1。這個差別在於艦載直升機的種類，由凱門公司的「**SH-2F海妖**」反潛直升機換成西科斯基公司的「**SH-60B海鷹**」。這兩個機種在搜索潛艦或是與母艦的資料連結上能力不同，便以此作為區分。但之後由於1、2號艦也換成能夠配備SH-60B的儀器，所以基線0與1的差別便消失了。

這5艘提康德羅加級雖然也配備在航空母艦上，作為航空母艦的直接保衛艦，但自從提康德羅加級（後期型）將雙懸臂式飛彈發射器「**Mk26**」改良為垂直發射型的「**Mk41**」後，初期型提康德羅加級便將直接保衛航空母艦的任務讓給後期提康德羅加級執行，初期型則成為了兼具通用護衛、對地攻擊支援、登陸艦隊護衛等任務的泛用艦。此外，5艘初期型提康德羅加級均在2005年底前除役，現在配備的提康德羅加級，均是裝備了MK41的後期型。

初期型的提康德羅加級，在前後方的甲板上有Mk26飛彈發射器，在外觀上與後期型提康德羅加級有所區別。照片為「文森尼斯號」。

艦尾旁的直升機甲板後方也配有Mk26飛彈發射器。Mk26一次發射的飛彈最多2發。若要再發射，需要花時間再度填充。照片為「文森尼斯號」。

1-14 提康德羅加級巡洋艦—後期型

將初期型提康德羅加級的飛彈發射器Mk26，更換為垂直發射系統**Mk41 VLS**（Vertical Launching System），是後期型提康德羅加級巡洋艦最大的特徵。由於飛彈發射器改成垂直系統，所以對空飛彈連續發射所需的時間會縮短，在艦隊防空上能達到理想的對應處理。此外，由於可選用戰斧巡弋飛彈，所以不只沿岸地區，就連沒有海洋的內陸地方也能夠採取對地攻擊。在這之前原本只有空軍轟炸機做得到的內陸攻擊，現在連水面艦也做得到了，海軍的任務因此變得更為廣泛。

後期型的提康德羅加級，在建造的順序上分成3個基線。基線2有7艘，強化了反潛戰術系統，將探測潛艦聲音的船首聲納及拖曳式聲納得到的音波情報解析後，再將此資料與反潛直升機共享，以進行反潛戰。

基線3有6艘，將SPY-1A雷達更換為SPY-1B，能夠減少收到的訊息情報之噪音。提康德羅加級的9艘最終型為基線4，配備了再度改良的SPY-1B（V）雷達，神盾的主要電腦也更新過。

基線4中，夏洛號、艾略湖號、皇家港號等3艘艦配備了飛彈防衛的神盾BMD系統，以及能夠迎擊敵方彈道飛彈的專用對空飛彈「SM-3」。

⮉後期型提康德羅加級最終艦「皇家港號」的除役時間，竟然預定在2034年。即使是提康德羅加級，後期型由於與初期型的搭載系統有極大差異，所以現役依然是能夠通用的。

⮉後期型提康德羅加級最大的特徵之一，是於前後甲板設置的垂直發射系統。照片為「維拉灣號」。直升機甲板後方裝備有Mk41 VLS。

1-15 柏克級驅逐艦—Flight Ⅰ

比起於1991年就役的1號艦，現今的柏克級驅逐艦是更新型的驅逐艦，為美國海軍的主力驅逐艦。相較於以史普倫斯級驅逐艦為基礎來改裝，搭配神盾戰鬥系統所開發出來的提康德羅加級來說，柏克級則是**在一開始就被以神盾系統為基礎來設計而成**的首艘神盾艦。日本的「金剛」型神盾艦，也是以柏克級為基礎設計而成的。

柏克級的外觀特徵是神盾雷達的配置。在艦橋正面轉45度角處配有4台雷達，能夠涵蓋全方位360度的角度。除了不能搭載直升機之外，與提康德羅加級巡洋艦的系統幾乎完全相同（註）。柏克級有原型和改良型，以**Flight**作為分類分式。原型Flight I建了21艘，其中到17號艦為止，是與提康德羅加級配備電子機器相同的基線4。而18號到21號艦則歸類到下一階段的基線5。兩者的不同之處在於改良了強化電子戰的**ECM裝置**（電子干擾裝置）。

部分Flight I型為了迎擊大浦洞等彈道飛彈，會配備具有長距離監視、追蹤（LRS & T）能力的**神盾BMD系統**，具有此種機能的艦稱為**MD艦**。神盾雷達與BMD模式組合後，能夠追蹤飛翔中的彈道飛彈，必要時能發射迎擊專用的SM-3飛彈。此外，也能夠傳達彈道飛彈的飛行資料給其他MD艦。

編註：當時由於設計上的考量，並無搭載直升機，但有直升機甲板可供直升機進行起降作業。

↑與提康德羅加級不同，在船體的設計階段就設計成神盾系統專用的柏克級驅逐艦。照片為1號艦「亞里柏克號」。

↑柏克級從後方來看，為了不影響艦橋後面的神盾雷達電波射程範圍，上部的構造物會變得很細。照片為柏克級3號艦「約翰保羅瓊斯號」。

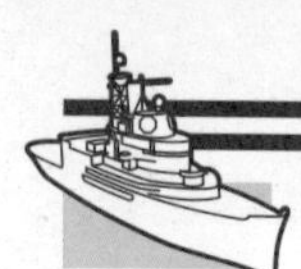

1-16 柏克級驅逐艦—Flight Ⅱ

柏克級驅逐艦的22～28號艦被歸類為Flight Ⅱ。Flight Ⅱ是為了解決之前的柏克級問題而設計的。由於配備了稱為**戰術情報數據鏈路16**的系統，所以飛機或其他艦艇的情報傳達，不再只限於原本的聲音和信號，連影像都可以接收或傳送。

神盾艦一旦開始戰鬥後，身為艦內指揮所的戰鬥情報中心就會非常忙碌，這是因為對空、對水面以及敵方潛水艇的資訊等各種情報都紛紛蜂湧而至的緣故。將這些情報匯整後向艦長報告、輔佐艦長的人是**戰術行動官**（TAO：Tactical Action Officer）。艦長會根據情報做出判斷，最後以艦長的決定下達攻擊指令。

Flight Ⅱ配置有**統合戰術情報系統JTIDS**，以及**指揮統籌處理器**，這是為了減輕支援艦長的戰術行動官負擔而研發出來的。由此各擔當者能夠馬上把情報傳達給戰術行動官，戰術行動官再迅速確實地上報給艦長。由於神盾系統中占了最大部分的人性因素改良了很多，所以在最後的攻擊判斷上能夠更確實。

能力提升後，就進化成下一模式的Flight ⅡA。ⅡA型由於與Flight Ⅰ型、Ⅱ型在外形與能力上有所不同，所以也有人稱Flight ⅡA之前的艦為柏克級，ⅡA則稱為改良型柏克級。另外，隨後也配備了等同於Flight Ⅰ型和Ⅱ型的機器。

⬆分類為Flight Ⅱ的柏克級僅有7艘。擁有這些裝備就能成為柏克級的前期型。照片為「唐納德庫克號」。

⬆Flight Ⅰ的「米利厄斯號」（前）及Flight Ⅱ的「西金號」（後）。兩種型式在情報處理能力有所差異，但在外觀上的差異只有最頂部不同。

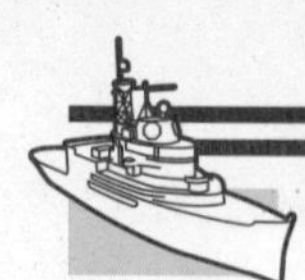

1-17 柏克級驅逐艦—Flight ⅡA

Flight ⅡA是為了將之前的柏克級在對潛艦作戰時的缺點改進，因此改良成能夠搭載反潛直升機的設計，是柏克級的最新模式。艦尾有直升機甲板和飛機庫，艦內則有直升機員待機室、機用裝備武器收納庫、機用燃料貯藏庫、夜間飛機起降艦支援系統、著艦安全官控制所（LSO）、飛機管制室、滅火裝置、飛行甲板要員待機室及裝備收納庫等與直升機操作相關的配備。過去的柏克級在對付敵方潛艦上並不在行，現在由於搭載了警戒直升機，而得到了逆轉局勢的機會。

在海戰上，Flight ⅡA的能力也提升了，將過去的5吋砲改成Mk45 5吋砲。此種砲利用GPS/INS的導航，可以發射增程導向砲彈ERGM。也就是說，ERGM是一種能夠導航的砲彈、從大砲中射出像飛彈般的新型武器。尤其是在艦砲射擊上，由於射擊變精準之故，對於海軍陸戰隊的陸上作戰是很有效的。此外Flight ⅡA還搭載了能夠射擊水面目標的近迫對空武器及CIWS 20㎜快砲，不過也有一部分的Flight ⅡA沒有配備CIWS。日本海上自衛隊的「愛宕」型護衛艦及韓國海軍的世宗大王級驅逐艦，就是以Flight ⅡA為基礎而設計的。

Flight ⅡA也是隨著生產時期而變更系統，現今最新的模式被歸類為基線7。而且新生產的Flight ⅡA採用了民間電腦等使用的「COTS」此一方式，能夠靈活地改變系統。

🡅Flight ⅡA如果從前方看，與其他型式沒有分別，但後方四角型部分有直升機收納庫。照片為「奧斯卡奧斯汀號」。

🡅從後方所見的「奧斯卡奧斯汀號」。直升機甲板的前方有直升機收納庫，可以看到2扇閘門。內部分成2個收納庫，在中間備有飛彈垂直發射系統。

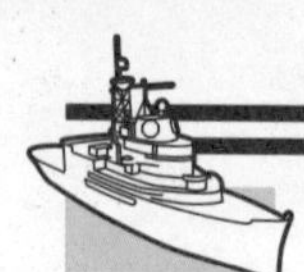

1-18 擁有神盾艦的國家—日本❶ —「金剛」型護衛艦

除了美國之外，最早引進神盾艦的國家是日本。日本由於要確保航行於海上交通線的商船安全、或是守護商船的自衛艦隊的防空安全，所以需要神盾艦。如前所述，在4隊護衛群隊上配備了神盾艦，建造了4艘「金剛」型護衛艦。

由於「金剛」型護衛艦是以美國的柏克級（神盾戰鬥系統基線4）為設計基礎，所以外觀非常相近，但是「金剛」型由於具有司令部的機能，會多一層艦橋，因此艦島會更大，如果並列在一起，「金剛」型會更具有迫力。與身為設計基礎的柏克（Flight I）相比，滿載排水量會多出約1200噸，大概為9500噸。

「金剛」型雖然沒有配備美國神盾艦上搭載的巡弋飛彈，但其他武器幾乎都具有相同威力。神盾雷達或相關情報處理裝置均是美國製，而除此之外的多數電子儀器或雷達、聲納則是日本製。由於日本海上自衛隊引進「金剛」型，所以**護衛隊的防空能力有了顯著的提升**。

此外，4艘「金剛」型於2007年依次搭載了彈道飛彈防禦能力（BMD）系統，此系統能夠迎擊投擲在日本本土的彈道飛彈，另外還裝備了能迎擊Mk41 的飛彈SM-3（參照p.72）。**除了美國以外，具備BMD能力的神盾艦只有「金剛」型**。

「金剛」型護衛艦是以柏克級驅逐艦為原型而建成，然而由於具備司令部機能，所以艦島會高出一層，比柏克級還大。照片為珍珠港基地的「金剛」。

「金剛」型艦尾的設計與柏克級不同，為日本獨自的式樣。照片為美日共同訓練中的「金剛」。

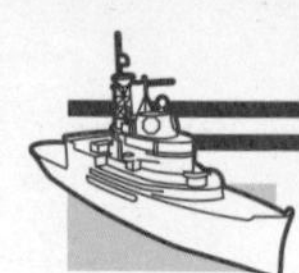

1-19 擁有神盾艦的國家—日本❷ —「愛宕」型護衛艦

「愛宕」型是日本繼「金剛」型之後引進的第2艦種神盾艦。護衛艦最初是由多面體所形成，從原本的桁架型桅桿改成**難以被敵方的雷達捕捉到雷達波的隱形桅桿**。此外，在日本神盾艦中，愛宕型也是第一艘設**有能夠容納1架反潛巡邏直升機的收納庫**，因此船長比「金剛」多4m，總長為165m。相較於「金剛」型的基準排水量7250噸，「愛宕」型為7700噸。此外，最大彈藥或燃料搭載排水量雖然未公開，但也超過10000噸。

「金剛」型是以美國海軍柏克級驅逐艦Flight I型為基礎而設計的，而「愛宕」型則是以柏克級Flight ⅡA型（神盾戰鬥系統基線7）為基礎而設計的。由於「愛宕」像Flight ⅡA型一樣能搭載反潛巡邏直升機，所以在反潛戰的能力上有所提升。只是目前與「金剛」型不同的是，「愛宕」型沒有彈道飛彈防禦能力。此外，「愛宕」型有2007年就役的「愛宕」及2008年就役的「足柄」共2艘，但到目前為止，沒有再添購第3艘的計劃。

柏克級驅逐艦的命名，來自海軍軍人亞里柏克，他在成為海軍上將之後，又擔任海軍作戰部長（相當於制服組的最高長官）（註）。雖曾在二戰中與日本交手，但在戰後則致力於日本海上自衛隊的創設，日本曾經予他一等勳章旭日大綬章，據說在他過世後，此勳章連同其棺木一起入土。

編註：日本自衛隊又稱制服組，由於必須穿著制服執行勤務，故得此稱呼。

「愛宕」型護衛艦是繼「金剛」型後的日本第2代神盾艦。桅桿的形狀及 127㎜砲是隱形式設計。

「愛宕」型的艦尾有直升機收納庫，因此為了不影響神盾雷達的射程，艦橋後部的神盾雷達會設置得比「金剛」型的位置還要高。

1-20 擁有神盾艦的國家—西班牙 —艾爾巴德凡薩級巡防艦

繼美日之後，第三個引進神盾艦的國家是西班牙。西班牙在購入神盾艦之前，經歷了非常多的波折。原本西班牙參與了跟荷蘭和德國共同開發的防空系統**TFC計劃**（三國聯合巡防計劃），但由於擔心開發費用過於龐大，所以突然退出此計劃。之後才決定採用神盾系統。據說幕後有著武器產業白熱化的商業手段在內。

由於西班牙已經擁有「亞斯圖里亞王子號」航空母艦，因此西班牙的想法是比起等待不知何時會完成的開發中TFC計劃成果，採用已完成的神盾系統，更能早日保護航空母艦。

2002年9月就役的一號艦「艾爾巴德凡薩」，雖然船身比美國或日本的神盾艦小，但**在神盾雷達上則跟美日一樣配備了SPY-1D**。此外，配備了SM-2和ESSM 2種對空飛彈也是其特色。由於滿載排水量壓在美日神盾艦約一半程度的6250噸，建造費也因而變得便宜。即便如此，如對空飛彈或是SH-60B反潛直升機等**搭載的武器也絲毫不遜色**，這是其特徵之一。

世界上雖然有比艾爾巴德凡薩級還小型的驅逐艦，但是在西班牙，即使是最大的水面戰鬥艦也歸類到巡防艦。此外，同型艦目前就役中的到4號艦為止，5、6號艦則已計劃購入。

與美日神盾艦不同，西班牙神盾艦的設計，是將SPY-1D雷達置於比航海艦橋還高的位置。照片為艾爾巴德凡薩級2號艦「海軍上將唐璜博爾馮」。

艾爾巴德凡薩的後方有直升機甲板和收納庫。設計和美日韓的神盾艦不同，為普通水面戰鬥艦的簡單設計。

1-21 擁有神盾艦的國家—挪威—南森級巡防艦

挪威長年以來一直向外國海軍購買中古艦作為軍事主力，但隨著引進了期待以久的防空艦，挪威終於也決定引進新造艦。挪威雖然也是NATO（北約組織）的會員國，但並未參與會跟神盾艦成為對手的計劃，例如歐洲各國推動的地平線計劃或TFC計劃等。因此，挪威採用的是神盾系統簡化版，性能雖有限，但價格只有一半的**神盾IWS**（Integrated Weapons System）。由於價格上是美日神盾艦的約半價，所以建造了5艘「南森」級神盾艦。

南森級的滿載排水量是5290噸，屬於最小型的神盾艦。雖然與美日的神盾艦一樣裝備了垂直發射系統Mk41，但只有8座彈艙。不過並不是搭配1彈艙只能裝1發的SM-2對空飛彈，而是搭配填充了4發的ESSM對空飛彈，所以最大可以填充到32發。如此一來，8彈艙也足夠了。船體設計也是將艦橋上部設計成**塔**（佛塔）的樣子，這是配置了SP-1F雷達的獨特設計。

挪威雖然沒有神盾艦需要守衛的航艦艦隊，但是在地理位置上，由於位於俄羅斯軍機進出大西洋的要衝，所以為了守衛NATO（北約組織）艦隊，需要高性能的防空艦。比起美日神盾艦採用的SPY-1D神盾雷達，挪威的SPY-1F尺寸較小，能力也較弱，但仍比原本的防空艦性能高出許多，因此挪威的想法是只要增加神盾艦數量，就能補強能力。

⬆運用大量匿蹤技術設計而成的南森級巡防艦。照片為與美國共同訓練中的2號艦「羅爾德亞孟森號」。

⬆挪威海軍3號艦，南森級巡防艦「奧圖斯威爾路普號」。SPY-1F雷達配置於艦橋上。

1-22 擁有神盾艦的國家—韓國 —世宗大王級驅逐艦

美國、日本、西班牙、挪威，接著是韓國一第五個加入神盾俱樂部的國家。2008年12月22日，眾所期盼的1號艦世宗大王級驅逐艦「世宗大王」就役。船體構造以柏克級Flight ⅡA（神盾戰鬥系統基線7.1）為基礎，船體的基準排水量為7600噸，若是滿載排水量則超過10000噸。武器的裝置設計雖然與柏克級Flight ⅡA或「愛宕」型的裝置設計是同一系統，但是許多配置的武器都選用國產或歐製，與美日的神盾艦不同。

對空雷達搭載的是最新型的SPY-1D（V5），提升了在正上方及水面方向的偵測能力，並裝備了80座彈艙的美製垂直發射系統Mk41。美製Mk41也可以發射48發對空飛彈SM-2 Block ⅢB。原本當初的計劃是為了迎戰北韓的彈道飛彈，而預定配備SM-2 Block Ⅳ的改良型，但是由於受到政府的北韓政策影響而中止。

世宗大王最大的特徵是加載了**48座彈艙（發射口）的國產垂直發射系統**。在美製Mk41的80座彈艙外再加上國產的48座彈艙，發射的管數總計達128管，因此世宗大王搭載的飛彈數為全球最多的，從這一點來看，可以稱為世界最強的神盾艦。國產的垂直發射系統由於配備了國產的32發「天龍巡弋飛彈」（射程500㎞以上），因此韓國擁有日本所沒有的巡弋飛彈。

⇧韓國神盾驅逐艦世宗大王。設計雖然與美日的神盾艦類似，但也大量加入韓國獨有的思維，例如配備的兵器使用國產等。

⇧世宗大王的艦尾設計，直升機甲板或收納庫等與柏克級Flight ⅡA類似。照片為世宗大王正式服役前，於韓國海軍國際觀艦式首次出場時的樣子。

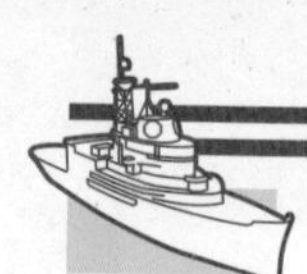

1-23 擁有神盾艦的國家—澳洲—荷伯特級驅逐艦

澳洲的假想敵國雖然是印尼，但由於最近兩國間的交流增加，威脅因而降低。澳洲周圍的敵國很少，另一方面澳洲在東南亞、太平洋地區及印度洋地區的安全保障上，也有良多貢獻。此外，在與美軍共同作戰及國際關係的一環上，澳洲也不斷將艦艇送入波斯灣。

2001年之前，澳洲海軍為了將在此之前的海軍主力伯斯級驅逐艦全數除役，所以一直沒有購買驅逐艦。艦艇的海外派遣是比驅逐艦還小型的紐澳軍團級巡防艦，以及略微舊式的阿德雷德級巡防艦，兩艦種的防空能力都不高。

因此，澳洲為了能與美國海軍有對等的作戰能力，並補強艦隊防空任務，對高性能防空艦的需求因而增高，最後決定引進搭載神盾系統的荷伯特級驅逐艦（稱為SEA 4000計劃）。預定建造3艘，於2013年到2017年間令3艘神盾艦服役。澳洲為了減少成本而與西班牙合作，因此是以西班牙的神盾艦艾爾巴德凡薩級為基礎。神盾雷達採用SPY-1D（V），神盾戰鬥系統相當於基線7.1。此外還配置了一架S-70B反潛巡邏直升機（與SH-60B大致相同）。在計劃當初，澳洲發表了具有匿蹤技術特性的草圖，但實際上的設計與艾爾巴德凡薩級相當接近。

由於日本海上自衛隊與美國海軍的防衛交流也十分熱絡，不久的將來，美日兩國神盾艦共同演訓的日子應該也不遠了。

荷伯特級驅逐艦想像圖，與西班牙神盾艦艾爾巴德凡薩級的設計相近。

從側面看，煙囪狀的設計與艾爾巴德凡薩級不同。

夢幻級的神盾艦
1-24 —核子動力神盾艦的可能性

美國海軍從1970年代起，開始核子動力航空母艦的整備，因此需要能夠守衛核子動力航空母艦的強力防空艦。當時神盾系統何時完成、還要花費多少金額等問題還處於不透明的狀況，但美軍已開始計劃建造大型水面艦—**核子動力攻擊巡洋艦**，此艦具有強大攻擊力，並搭載有SM-2對空飛彈、戰斧巡弋飛彈及能夠垂直起降的護衛攻擊機。然而，建造核子動力艦的費用被認為應作為充當航空母艦的費用，所以在1975年取消了建造計劃。如果當時核子動力攻擊巡洋艦被認可的話，之後也許會出現排水量將近20000噸的大型神盾艦也不一定。

接著登場的規劃是以維吉尼亞級巡洋艦為基礎，搭載神盾系統，基準排水量12000噸的**神盾核子動力巡洋艦**（CGN42）。然而，核子動力裝置的費用再加上開發中經費一直擴大的神盾系統成本，神盾核子動力巡洋艦的研發最後也得不到認可。美國海軍放棄了增加成本的核子動力裝置，採用的是將神盾配備在既有驅逐艦上的節約企劃。

因此DDG 47草案，便是搭載了神盾戰鬥系統的當時新銳—史普倫斯級驅逐艦。金額控制在史普倫斯級約1.5倍的約100億美元，比之前提出的神盾艦計劃更精省。1978年DDG47驅逐艦的預算通過，此名稱提升至巡洋艦等級，成為了之後的CG47提康德羅加級。

⊖作為神盾核子能動力巡洋艦基礎的維吉尼亞級巡洋艦。

⊕以維吉尼亞級巡洋艦為基礎，搭配神盾系統的神盾核子動力巡洋艦 CGN42 想像圖。飛彈發射器非垂直發射型，而是指向型。當時的計劃是神盾雷達以 45 度斜角裝置，如同柏克級一般的配置，但是之後的提康德羅加級由於採用史普倫斯級的設計，所以只好把神盾雷達的位置安裝在原本的位置。

⊕以初期提康德羅加級作為基礎的史普倫斯級驅逐艦。

Column

01

武器的名字多採用神話中的人名或器品名稱

「神盾（Aegis）」的語源，來自於希臘神話中登場的「埃癸斯」。「埃癸斯」是雅典娜獻給父王宙斯的「盾牌」，能夠抵禦邪惡。將「埃癸斯」翻為英文後的意味，與擔任艦隊防空之盾的武器名稱相當符合。因此，神盾計劃的象徵也是盾的形狀。

附帶一提，各國製造商開發的武器名稱由來，取自希臘或羅馬神話等神話中的典故十分常見。下表介紹以神話為命名由來的美國知名武器名稱。從飛機到飛彈、火神式機砲等，範圍相當廣泛。

由神話典故而來的知名武器名稱

飛機等的名稱	名稱源由	英文拼音	出處
飛馬級飛彈艇 飛馬級無人攻擊機	有翼的馬佩格索斯	Pegasus	希臘神話
海神潛艦發射型彈道飛彈 海神巡邏機	海神波塞頓	Poseidon	希臘神話
獵戶座巡邏機	波塞頓之子歐利安	Orion	希臘神話
三叉戟潛艦發射型彈道飛彈	波塞頓所持武器三叉戟	Trident	希臘神話
力士型輸送機 力士型地對空飛彈	英雄海格力斯	Hercules	希臘神話
海王星巡邏機	海神尼普頓	Neptune	羅馬神話
M61 火神式機砲	火神沃爾坎	Vulcan	羅馬神話
韃靼艦對空飛彈	最初的神其中一人塔爾塔洛斯	Tartaros	希臘神話
護島神對空飛彈	由神創造的人類塔羅斯	Talos	希臘神話
鳳凰空對空飛彈	不死鳥菲尼克斯	Phoenix	希臘神話

第2章

神盾艦 配備的武器

神盾艦配備了能擊退各種威脅的武器和
保護自身的裝備。
從極為重要的SPY-1雷達，
到艦載小艇等，
神盾艦的武裝配備在本章將徹底解說。

照片提供：美國海軍

美國海軍的神盾巡洋艦「艾略湖號」，於飛彈垂直發射系統（VLS）發射標準飛彈-2（SM-2）的瞬間。

2-01 SPY－1雷達❶ —全方位隨時監視無死角

堪稱神盾核心部位的是SPY-1雷達（神盾雷達）。一般水面戰鬥艦的防空雷達，主流型式是在桅桿的高處機械式的旋轉以發射電波。然而這種傳統的防空雷達，在旋轉周期內，無法監視到雷達面對方向之外的區域。也就是說，雷達沒有面對到的方向就成了死角。當然，在此一死角的範圍內，如果敵機或敵方飛彈高速移動的話，雷達是無法確認到其動向的。

相較於此，神盾艦採用的SPY-1雷達，在艦橋的四個角落設置了稱為**相位陣列天線**的8角形固定式天線。範圍涵蓋360℃(全方位)，可以隨時監視，因此能夠持續不間斷的追蹤敵方飛機或飛彈，這是最大的優點。在雷達的畫面上，顯示敵方的光點由於會持續不中斷的移動，所以能夠確認敵方是採取迴避行動或是攻擊行動等的詳細動向。

相位陣列天線的內部，有著被稱為天線元件（移相器）的4350個電波發射裝置縱橫地並排著。這個天線元件是發射電波的雷達，所以被稱為相位排列雷達，也就是相位陣列。

由於各個天線元件在電波發射和強度上能夠獨立調整，所以從一部分的天線發出的單位電波也能夠被整合、往一定方向集中。

護衛艦「金剛」的SPY-1雷達。一邊為3.66m，其中有4350個元件。美日韓及西班牙採用SPY-1D。挪威的神盾艦配備的是比SPY-1D還小型、有1856個天線元件的SPY-1F。

SPY－1雷達❷
2-02 —被動式與主動式的不同

SPY-1雷達有一個電波傳收裝置，從此處釋放出電波，透過導波管將電波送到4350個**移相器**（Phase Shifter）上。藉由此移相器變換電波的傳接收方向，從天線元件放出電波至空中。

此方式稱為**被動式相位陣列**（Passive Phased Array）。不過在採用相位陣列天線的船艦中，日本的「日向」型護衛艦採用的是每個移相器都分別裝有電波傳收裝置的**主動式相位陣列**（Active Phased Array）方式。歐洲的**APAR**（Active Phased Array Radar）艦也是這種方式。移相器本身由於是被動的（受方），不同處在於是由電波傳收器接收電波或是主動（自身）發送電波。而雷達並不代表等著接受敵方電波（被動）。

天線單位最大可以發送4MW的S波段頻寬電波（波束）。如果電波接觸到任何飛行中的物體，就會折返回SPY-1雷達，藉此可以判斷有沒有飛行物體。若偵測到飛行物體，波束會持續追蹤該飛行物體，同時間可以追蹤200個目標。

如果想要攻擊追蹤中的飛行物，神盾艦會發射對空飛彈，也可以幫對空飛彈做中途導引或是飛彈及神盾艦間的資料傳輸。一般的防空雷達是無法做到這一點的。

被動式相位陣列和主動式相位陣列的不同

被動式相位陣列

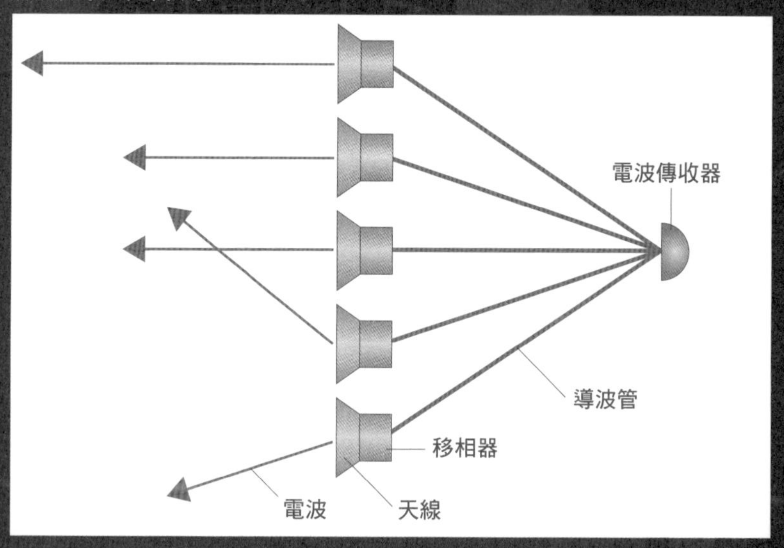

主動式相位陣列

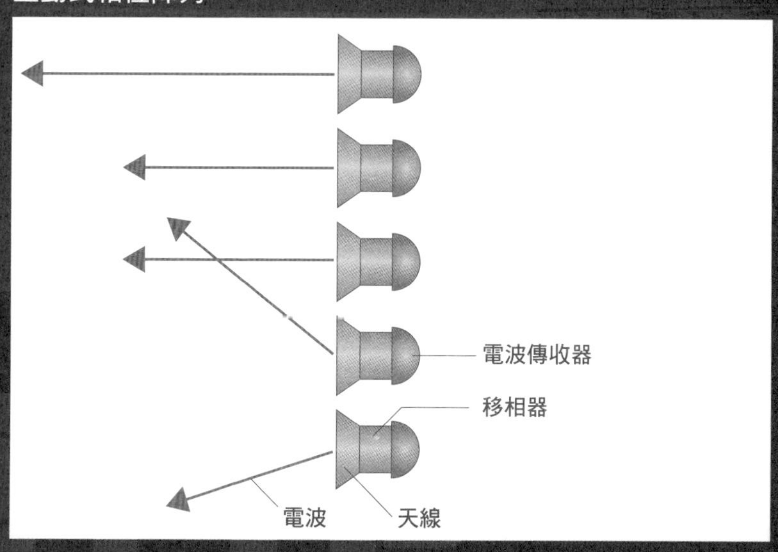

2-03 Mk41 VLS —垂直發射系統

垂直發射系統**Mk41 VLS**（Vertical Launching System）是神盾武器系統之一，為發射飛彈的發射器。一般的飛彈發射器是將裝填好飛彈的發射器對準目標後旋轉，往上方對好角度後發射。發射飛彈後，發射器為了從彈藥庫再度裝填飛彈，需要再次旋轉。

然而這個裝填飛彈的動作時間，無法應付接連而來的敵方飛彈或戰鬥機。為了縮短**對應速度**（反應時間），提康德羅加級巡洋艦的後期型採用了垂直發射的發射器Mk41 VLS。此技術最早由俄羅斯海軍採用，比美國海軍還要早，由於對於神盾武器系統來說，這是不可或缺的系統，因此美國海軍後來也採用了這個方式。

飛彈裝載於神盾艦上時，會裝在**發射箱**此容器裡。每一個發射箱會裝填在Mk41 VLS系統裡的一個**彈艙內（VLS系統的彈艙數視搭載的飛彈種類不同而有不一樣的承載數量）**。發射箱是發射器的一部分，所以Mk41 VLS兼有發射器和彈藥庫的功能。當發射對空飛彈時，飛彈會從彈藥庫中不停垂直發射出去。由於不需要再從發射器裝填飛彈，也不需將發射器對準目標，所以反應時間會比Mk26短。神盾艦的Mk41 VLS除了配備有對空飛彈外，還配備了反潛火箭；美國的神盾艦也配備有攻擊陸地的巡弋飛彈。除了神盾艦以外，Mk41 VLS也被利用於世界主要海軍的巡防艦。

護衛艦「金剛」前甲板的Mk41 VLS。世界最初的神盾艦提康德羅加級1～5號艦並不是裝載VLS，而是Mk26，但6號艦之後就是使用Mk41 VLS。最初的5艘已全數除役。

將戰斧巡弋飛彈裝載於驅逐艦「拉森」的場景。以起重機將發射箱吊起。

Mk41 VLS的內部。裡面可以看到發射箱。發射箱的內部是SM-2MR對空飛彈。

2-04 標準二型飛彈（SM-2）—對空飛彈

身肩神盾艦最重要責任的防空主要武器，就是**標準二型對空飛彈**（以下簡稱**SM-2**），這其實只是它製造廠商的名稱，美軍的名稱為RIM-66（中距離型）、RIM-67（長距離型）、RIM-156（長距離型）。動力為使用固態燃料的火箭，全長4.41m幾乎全由燃料和火箭占去。直徑為343㎜，垂直發射系統的1彈艙中裝填的發射箱可以收納1枚SM-2。

SM-2是由以前的SM-1對空飛彈改良而成的。SM-1發射之後，在目標命中之前，需要以被稱為**照明雷達**的射擊指揮裝置（發射器）來引導，但事實上，艦上裝備的照明雷達數量，也是能夠同時迎擊對方的數量。在這種情況下，一般最多只能攻擊3個目標左右。而引導方式稱為**中段半主動雷達導引**。

SM-2將其改良，發射後以飛彈內的慣性導航裝置來決定飛行路徑。但是敵方若改變飛行方向就無法命中了，所以飛行中的SM-2會由SPY-1D雷達來接收新的情報。在飛彈即將接近目標時，神盾艦的照明雷達會發射終端引導的信號，SM-2便能命中目標物。3台照明雷達如果以時間差的方式來做終端引導的話，約能夠同時處理15～18個目標物。標準SM-2的**SM-2MR**最大射程約74㎞。除此之外，為了彈道飛彈防禦目的而改造過的部分美國海軍神盾艦，配備有特性是能迎擊逼近階段彈道飛彈的**SM-2 BLOCK Ⅳ**。

照片提供：美國海軍

⇧從美國海軍驅逐艦「歐肯號」的後部VLS發射的SM-2MR對空飛彈。最大射程約74㎞。美國神盾艦上裝備的長射程SM-2ER，在後方裝了火箭推進器，射程約有160㎞。

2-05 標準三型飛彈（SM-3）—反彈道導彈

標準三型飛彈（以下簡稱**SM-3**），是由神盾艦所發射的對空飛彈，能擊落「蘆洞」或「大浦洞」等著名的彈道飛彈。標準三型飛彈是作為**彈道飛彈防禦**（BMD：Ballistic Missile Defense）**計劃**的一環所開發的武器，官方名稱為RIM-161，但在美國海軍內部主要還是稱作SM-3。雖然SM-3的概念為SM-2的改良型，但是實際上兩者是完全不同的。

SM-3為三段分離式，當發射後直直到達外太空為止，火箭推進器會逐一點火，最後第三段的保護椎頭會脫離，變成2個，從保護椎頭中會分離出目的是擊中目標的**動能殺傷彈頭**（以下簡稱KW），KW在此時已不是呈現飛彈的形狀。KW會自己尋找目標並修正位置，最後擊中目標。SM-3經常進行升級計劃，下一代的模型**SM-3 BLOCK ⅡA**中，在釋放出KW上擔任重要角色的保護椎頭，目前正由日本進行開發中。此一保護椎頭被稱為貝殼型，採用二次分離方式。藉由此種方式，保護椎頭內的KW能夠不費時的分離出來。除此之外，三段式火箭和二段式反應控制系統也正由日本開發中。而真正的應用預定是在2015年。

目前的SM-3 BLOCK IB的有效射程達500km，最大高度達250km，但SM-3 BLOCK ⅡA本體直徑從現今的13.5英吋增加到21英吋，可以想見射程會更遠。

照片提供：美國海軍

從美國海軍巡洋艦「艾略湖號」的垂直發射系統中發射出的SM-3反彈道導彈。

改良型海麻雀飛彈
2-06 —對空飛彈

相較於對空飛彈SM-2的目標是以中長距離為對象而言，以短距離目標為狙擊對象的對空飛彈則有**海麻雀飛彈**（Sea Sparrow Missile），官方名稱為RIM-7。除了神盾艦以外，海麻雀也配置於其他艦艇中，但其進化版則是「**改良型海麻雀飛彈**（Evolved Sea Sparrow Missile）」（以下簡稱ESSM）。比起RIM-7使用人工操作的照明雷達，ESSM則是以SPY-1D雷達和照明雷達來導引。發射後的ESSM以本身具有的慣性導引裝置來對準目標，飛行路徑則由SPY-1雷達發送的信號來修正。在即將到達目標物前，會由照明雷達送出的信號引導以命中目標。最大射程約50㎞。

RIM-7附有折疊式的小型翼，以此來控制飛行方向，而ESSM則是像SM-2一般的固定翼，以火箭推力偏向噴嘴來控制飛行方向。由於這種方式能夠達到迅速的機動效果，所以命中率也跟著提升。ESSM設計成可以裝備於Mk41 VLS的型式，因此彈艙內裝填垂直發射系統的發射箱，可容納4發ESSM（稱為4型，代表能裝4枚飛彈）。

ESSM除了裝備於美國海軍柏克級驅逐艦Flight ⅡA的DDG85型號之後的艦，也裝備於西班牙及挪威的神盾艦。日本的神盾艦雖沒有裝備ESSM，但於2009年服役的「日向」號護衛艦，則是日本海上自衛隊首次搭載ESSM的。

Aegis Destroyer

照片提供：美國海軍

⇧ESSM也裝備於神盾艦外的其他艦。照片為航空母艦「約翰・C・史坦尼斯」發射ESSM的瞬間。

The Strongest Shield

2-07 魚叉飛彈 —反艦飛彈

自從第二次世界大戰後，反艦飛彈登場以來，海戰的主要兵器便不再是艦砲，而成了反艦飛彈。神盾艦配備的**魚叉**（Harpoon）飛彈，官方名稱為RGM-84，自從1977年美國海軍配備之後，日本海上自衛隊及西方各國也紛紛採用。

魚叉飛彈在美國、西班牙、挪威的神盾艦和「金剛」型護衛艦上各裝備有8發。在即將發射之前輸入敵艦的距離及方位等情報，發射後以自動導航裝置飛行。當接近敵艦時會發射電波，以雷達偵側來鎖定目標。攻擊方法有先以貼近海面的方式飛行，當到達敵艦前方時提升高度，然後再急速下降命中目標的**上旋方式**（Hop-Up），和直接以貼近海面來命中的**貼水方式**（**Skimming**）兩種方式。射程約150㎞。

「愛宕」型護衛艦配備的是8發日本國產的**90式反艦導彈**（SSM-1B）。90式反艦導彈射程為150～200㎞，彈頭重量260㎏，射程及破壞力超過魚叉飛彈。終端導引是以雷達照射目標，藉由反射波能鎖定目標的**主動式雷達導引**。

韓國海軍的世宗大王級，裝備的是16發國產的SSM-700K。導引方式則是以GPS輔助主動導航裝置，終端導引是主動式雷達導引。射程和彈頭大小雖然和SSM-1B一樣，但是由於噴射引擎的大小和裝載的燃料較多等等的理由，全長比SSM-1B還要多出1m，與魚叉飛彈相比長達2m。

從驅逐艦「費茲傑羅號」發射的魚叉反艦飛彈。

魚叉飛彈直接裝入筒狀發射箱（收納箱）內。照片為要將魚叉飛彈掛載到驅逐艦「費茲傑羅號」的樣子。反艦飛彈的本體都是以發射箱收納，發射箱被裝至架子上，此架子兼具可讓飛彈與資訊結合的繼電組成射控系統（美軍型式為SWG-1(V))。

2-08 戰斧飛彈—巡弋飛彈

戰斧（Tomahawk）巡弋飛彈是長距離的攻陸、反艦攻擊用飛彈，官方名稱為BGM-109。神盾艦若配備了戰斧飛彈，即使距離沿岸1000㎞以上的內陸都攻擊得到。戰斧飛彈是從Mk41 VLS以火箭發射，上升到一定高度之後，會從主體部分伸出機翼，以渦輪扇引擎的動力達到水平飛行機制。也就是說，戰斧飛彈是無人噴射機，速度為時速880㎞，相當於一般的民航機。

在航行上會加上獨立航行法，預先將程式化的地圖和實際的地表互相對照，避開山地等障礙物來飛行。此外，以神盾艦的衛星資料連結來修正，以及GPS的位置情報等，也被運用在戰斧飛彈上。

在擊中目標前，使用被稱為數位景象比對區域關連的DSMAC（Digital Scene Matching Area Correlation）機能，將目標物的形狀與程式資料作比對及判斷，在誤差10m的範圍之內命中目標物。現在使用的戰斧飛彈，最大射程可以達到2500㎞。此外，用於反艦攻擊的戰斧飛彈本身能夠發射電波，以及偵察目標艦艇放出的電波，鎖定位置後命中目標。

初期的提康德羅加級巡洋艦無法配備戰斧飛彈，但如前所述，這批艦已全數除役。現在的美國海軍神盾艦，全部配有戰斧飛彈，除了神盾艦之外，洛杉磯級潛艦及改良式愛荷華級潛艦也配有戰斧飛彈。

照片提供：美國海軍

從美國海軍的柏克級飛彈驅逐艦「史蒂森號」發射的戰斧巡弋飛彈。

被稱為「BLOCK IV」，具有衛星資料連結機能的戰斧飛彈。

照片提供：美國海軍

戰斧飛彈的彈頭種類

形式	彈頭	說明
BGM-109B	454 kg一般彈頭	反艦型TASM（Tomahawk Anti Ship Missile）
BGM-109C	454 kg一般彈頭	攻地型TLAM（Tomahawk Land Attack Missile）
BGM-109D	166枚子炸彈	攻地型TLAM
BGM-109E	一般彈頭	反艦、攻地雙對應
BGM-109A※	核彈頭	攻地型TLAM

※一般不配備於神盾艦

2-09 ASROC—反潛火箭

ASROC（Anti Submarine ROCket）是攻擊敵方潛艦的反潛火箭，官方名稱為RUM-139VLA，因為配備了神盾艦的垂直發射系統，所以稱為**垂直發射反潛火箭**（VLA：Vertical Launching ASROC），由魚雷和火箭組合而成，在魚雷部分，美國海軍使用的是標準的**Mk46**魚雷等。在魚雷後部安裝有固態燃料的火箭發動機，垂直系統的發射便是使用此火箭，以推力向量控制裝置執行的姿勢控制，依程式設定的方向和距離來飛行。飛行中的最高速度可以達到1馬赫。

當到達目標海域上空時，火箭會分離，魚雷便乘著降落傘落下。降落傘由於落海的衝擊而與魚雷分開，當魚雷沈到一定的深度後，魚雷的螺旋槳會開始啟動，偵測目標潛艦並擊中。

垂直發射ASROC以一枚內含發射箱的形式，裝在垂直發射系統的一個彈艙中。美國神盾艦在垂直發射系統中，必須裝填SM-2或戰斧飛彈等各個種類的飛彈，但是日本的神盾艦因為只有SM-2、SM-3和ASROC這三個種類，所以能夠大量裝備。此外，日本的垂直發射ASROC除了能在彈頭上裝Mk46魚雷外，還可以裝備73式魚雷。目前也開始配備最新型的垂直發射ASROC—07式垂直發射魚雷投射火箭。而韓國的神盾艦則將韓國開發的「紅鮫」垂直發射ASROC裝填於韓製垂直發射系統上。

從垂直發射系統所發射的垂直發射ASROC。橘色和金色的部分是魚雷。灰色的部分是火箭。前端的黑色蓋子在海面上會脫離。

ASROC攻擊法示意圖

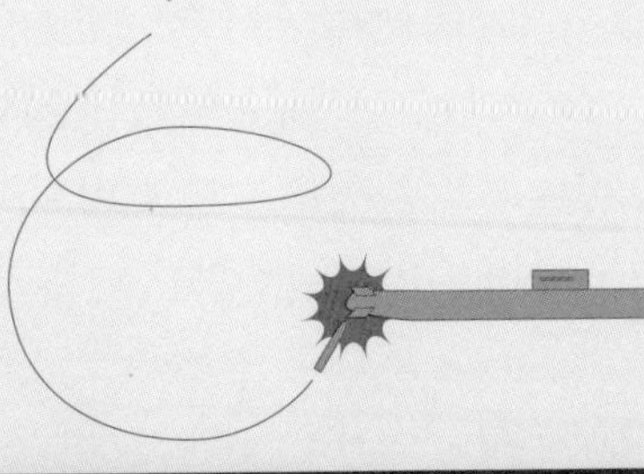

CIWS（方陣快砲）
2-10 —方陣近迫武器系統

近程防禦系統是當敵方反艦飛彈或戰鬥機避開了SM等對空飛彈後，在即將到達神盾艦前，神盾艦能夠使用的最終武器，稱為**CIWS**（Close In Weapon System）。**方陣**（Phalanx）是美國雷神公司的商品名稱，海軍或日本海上自衛隊一般稱其為CIWS。日本海上自衛隊的方陣快砲官方名稱為高性能20㎜機關砲。

方陣快砲是由6管20㎜ **M61** 機關槍組成的格林機砲、以及偵察及追蹤雷達、控制槍砲管制系統所組成的。在機關砲上方的白色圓蓋內設有雷達，可以得知敵方是否入侵，並遵循槍砲管制系統指示開始射擊，1秒內可以射出75發20㎜子彈。在雷達偵測不到敵方機影（亦即被擊落）之前會持續射擊，之後雷達會開始偵測下一個目標。

現在新建的神盾艦配備的是新型方陣快砲BLOCK1B。BLOCK1B能夠以紅外線照相機達到光學上的目視瞄準。如果使用這種方法，即使是非戰鬥機或飛彈等高速目標的直升機，或小型機等低速飛行體或水面船隻等也能夠瞄準。BLOCK1B將現存的BLOCK1A代換掉，日本海上自衛隊的神盾艦也依次使用了新型的BLOCK1B。配備方陣快砲的只有美國海軍和日本海上自衛隊，韓國的神盾艦配備的是使用30㎜子彈、被稱為「**守門員**」的機關砲。西班牙和挪威的神盾艦沒有配備方陣快砲。

照片提供：美國海軍

攝影：柿谷哲也

美國海軍的驅逐艦「班福德號」備配的方陣BLOCK 1A進行射擊中的樣子。

日本海上自衛隊的護衛艦「愛宕號」的方陣BLOCK 1B。

2-11 5吋（127㎜）砲 —對地攻擊、海戰

聯合防衛工業（現BAE公司）的**Mk45 5吋砲**是**艦砲**（大砲），除了備配於美國、西班牙、韓國及日本海上自衛隊「愛宕號」的各神盾艦外，也備配於其他國家非神盾艦的船艦上，倍徑為5吋（127㎜）。Mk45或是Mk34、Mk86、Mk160是以射擊管制系統同時在1分鐘內對2目標發射20發砲彈，使用於對地攻擊及海戰，有效的最大射程約為24㎞。雖然能夠擊中對空目標，但由於發射速度慢，被認為是「僅只有能夠發射的程度」。

柏克31號艦之後的艦種以及「愛宕」型護衛艦裝備有**Mk45 Mod4**。Mk45 Mod4比起之前的砲身（54倍徑）還粗，為62倍徑，在外觀（匿蹤庇護）上的匿蹤性也有所提升。韓國神盾艦的Mk45 Mod4配備的是國內許可的KMk45 Mod4。

Mk45被稱為**導向砲彈**（ERGM），能以GPS發射出像飛彈一樣能夠導航的砲彈。導向砲彈雖然還在研發中，但由於資金上的問題，是否配備還不確定。如果能夠裝備的話，最大射程可以達到110㎞的射擊能力。

日本海上自衛隊「金剛」型護衛艦，在神盾艦中，是唯一裝備有**奧圖美勒拉公司製5吋砲**的神盾艦。發射速度1分鐘高達45發，並能夠在此時連續射擊，對於空中目標也很有效。最大射程約23㎞，能夠使用與Mk45相同的彈藥。而挪威的神盾艦裝備的則不是5吋砲，而是更小型的76㎜砲。

攝影：柿谷哲也

日本海上自衛隊護衛艦「愛宕」的5吋砲Mk45 Mod4，聯合防衛工業公司製。

攝影：柿谷哲也

日本海上自衛隊護衛艦「金剛」的5吋砲，奧圖美勒拉公司製。發射速度比聯合防衛工業公司的5吋砲快約2倍。

2-12 機關槍、機關砲——部隊防禦

神盾艦在停泊於港灣或是通過狹窄的海峽時，為了**避免恐怖組織的自殺攻擊等所執行的對策**（部隊防禦），是裝備機關槍或是機關砲。美國海軍神盾艦有一部分裝備了Mk38 25㎜機關砲。提康德羅加級艦尾兩處裝備的Mk38 Mod2，具有無人遙控射擊的雷射測距儀和電子光學瞄準器（EOS）。能夠在艦內以遠端操縱監看監視畫面以及射擊。不只是水面目標，就連直升機或是小型機等低速飛行目標也能夠追蹤、射擊。一部分的柏克級艦裝備有船員以目視射擊的Mk38 Mod1機關砲，Mk38能夠在1分鐘內發射約200發的25㎜口徑彈。有效射程約3㎞。

沒有裝備Mk38的神盾艦則是裝備M2機關槍（又稱為12.7㎜機關槍或口徑50）。M2機關槍在1分鐘內能夠發射最多約600發的12.7㎜口徑彈。有效射程約1㎞。也有的是在M2旁並列雙管口徑50。為了讓M2機關槍更完善，還會再加上輕（MINIMI）機關槍。輕機關槍是使用5.56㎜口徑彈的機關槍，1分鐘能發射700發以上。韓國的神盾艦備配的是國產的12.7㎜機關槍、K6機關槍和5.56㎜機關槍的K3。12.7㎜或5.56㎜等的機關槍是架在舷側等的架台上使用，但多用於**航行外海或遠離安全港口、母港時**。此外，機關槍或機關砲雖然在英文中都是「Machine Gun」，但日本自衛隊則是將口徑12.7㎜的稱為機關槍、口徑20㎜以上的稱機關砲。

⇧巡洋艦「夏普倫湖號」上裝備的25㎜ Mk38機關槍。

⇦巡洋艦「威克斯堡號」艦首的兩處設有12.7㎜ M2機關槍。

照片提供：美國海軍

⇨巡洋艦「維拉灣號」裝備的 5.56㎜MINIMI輕機關槍。

2-13 反潛戰鬥系統
—打倒神盾艦天敵的裝備

美國海軍的水面戰鬥艦裝備有**反潛戰鬥系統**（ASWCS：Anti Submarine Warfare Combat System）。構成的主要武器是偵測潛艦的艦首聲納及反潛直升機聲納、魚雷、管制裝置。美國的神盾艦和日本海上自衛隊的「愛宕」型護衛艦神盾艦，是以SQQ-89反潛戰鬥系統來統合聲納的情報。

反潛戰中，艦首水面下的SQS-53聲納，以從艦尾牽引的SQR-19聲納來探測敵方潛艦的音波。此外，反潛直升機也能探測到投入水中的SQQ-28聲納。這些情報會被送到戰鬥情報中心的SQQ-89反潛戰鬥系統中，在這裡匯整好的情報會送到神盾武器系統的指揮、決定系統，只要艦長判斷需要攻擊，攻擊命令就會藉由SQQ-89反潛戰鬥系統傳達到發射魚雷的MK116反潛軍火管制系統，然後發射魚雷。反潛戰鬥系統雖然看似與神盾系統無關，但由於能判斷所有情報，所以與指揮決策系統相關，因此SQQ-89或各種聲納、魚雷、反潛軍火管制系統等，也是神盾系統的一部分。

美國的神盾艦和「愛宕」型之外的艦種都是獨自的反潛戰鬥系統。「金剛」型護衛艦的OYQ-102反潛情報處理裝置相當於美國的SQQ-89；OQA-102反潛攻擊指揮裝置相當於MK116反潛軍火管制系統。韓國和挪威神盾艦的基本反潛戰鬥系統，使用的是由挪威康斯堡公司開發的MSI-2005F。

照片提供：美國海軍

驅逐艦「紀德號」戰鬥情報中心內，SQQ-89反潛戰鬥系統的操控台。

照片提供：美國海軍

巡洋艦「考本斯號」艦首下方的SQS-53聲納。

2-14 魚雷
—魚雷外部不會排氣的MK50

美國神盾艦裝備的魚雷是Mk46和Mk50。Mk46是美國和NATO（北約組織）等會員國所使用的代表性魚雷。在水中的偵測方式有兩種，一種是對準發訊源捕捉潛艦音波的**被動偵測**，一種是自身發射音波後，音波碰撞上敵方潛艦後分析折返的音波來限定位置的**主動偵測**，由這兩種偵測方式中的其中一種來導引潛航。速度約45海浬，有效射程直至燃料將盡約為7㎞。彈頭上搭配了約45kg的高性能炸藥，即使不是直接擊中敵方，也能在接近時爆炸。這是由於在水中衝擊力容易傳達，即使只在潛艦附近爆炸，也能使敵艦的內殼龜裂。

Mk50是Mk46的改良版，潛得更深，速度達到50海浬以上，有效射程約有20㎞。此外，魚雷外部採用了不會排氣的**儲備化能推進系統**（SCEPS）。螺旋槳位於被稱為**覆環**的圓筒狀安定裝置內，具有極高的機動性。彈頭因為使用的是與戰車相同的砲彈HEAT（成型炸藥彈），相對於Mk46在接近後爆炸，Mk50能直接擊中後爆炸。因此Mk50比起Mk46在偵測能力或機動性上來得高。日本海上自衛隊的神盾艦除了Mk46，還裝備了將Mk46國產化的73式魚雷，以及與Mk50同等性能的97式魚雷。

為了發射這些魚雷，美國的神盾艦在左右兩舷各裝了一台Mk32 3連裝魚雷發射管。日本海上自衛隊的神盾艦則在兩舷裝備了將Mk32國產化的3連裝短魚雷發射管（水面發射管HOS-302）。

從驅逐艦「慕斯丁」發射出去的魚雷Mk46。

備配於護衛艦「日向號」的97式魚雷的訓練用假魚雷（擬製魚雷），推進部為覆環。

2-15 電子支援裝置與電子干擾裝置——守衛自身的「眼」、摧毀敵方的「眼」

水面戰鬥艦中看不見的武器是**電子戰裝置**。美國的神盾艦裝備有SLQ-32（V）電子戰裝置。SLQ-32（V）將神盾艦各個方位湧來的電波，以桅桿兩舷的**電子支援裝置**（ESM）的多波束環型天線來接收，再由電子作戰室的解析裝置來分析此電波是己方或敵方的電波。如果是敵方電波，會瞬間解析此電波是敵方戰鬥機為了尋找神盾艦而發射的電波，還是已發射的反艦飛彈發出的偵察神盾艦電波。解析情報會顯示在戰鬥情報中心電子戰作戰官的EW管制桌，以及神盾武器系統的指揮決策系統上。這一連串動作都是瞬間決定的。

艦長下達電子攻擊的指示後，接著就是對目標電波使用**電子干擾裝置**（ECM）來發射干擾電波。從多波束環型天線此一電波發射裝置的電磁波鏡片中，發射出頻率與敵方電波符合的干擾電波。這樣一來可以使敵機或敵方飛彈偵測不到神盾艦。若敵方飛彈找不到神盾艦，也許會因燃料用盡而墜落於海面，敵方戰鬥機考慮到反過來被我方攻擊的可能性提高，所以除了返回基地外別無他法。

「金剛」型護衛艦裝備有國產的NOLQ-2電子戰裝置；「愛宕」則裝備了NOLQ-2B。NOLQ-2與SLQ-32（V）具有同樣的構成系統。韓國神盾艦裝備有韓國獨自開發的SLQ-200（V）SONATA。特徵是收訊裝置分別位於桅桿的三個地方。

美國海軍驅逐艦「拉森號」艦橋側面裝備的SLQ-32(V)。

攝影：柿谷哲也

日本海上自衛隊的護衛艦「愛宕號」配備的NOLQ-2B。

攝影：柿谷哲也

韓國海軍驅逐艦「世宗大王」配備的SLQ-200 SONATA。SONATA是「Sea Operational system of Navy and Acquisition Torrential Attack」的縮寫。

攝影：Hong Heebun

2-16 誘標（誘餌）—發射誘標守衛己艦

敵方戰鬥機或反艦飛彈飛來時，會以電子戰裝置發射干擾電波，以阻止敵方接近，但為了預防發生干擾電波無效的情形，神盾艦上會搭載**誘標**（誘餌）。艦長依據神盾武器系統的指揮決策系統的情報做出判斷，下達放出誘標的指示後，電子戰管制桌會根據目標選擇合適的誘標。神盾艦會配合敵方種類，搭載數種誘標。其中一種是**干擾絲**。為了擾亂敵方的發射雷達，神盾艦會將干擾絲散佈於空中，它是塗敷了鋁的玻璃纖維小細片。將此東西散佈在空中呈現雲朵狀後，雷達就會產生該處有神盾艦的錯覺。

火焰彈是擾亂敵方紅外線導向飛彈的熱源彈。發射到空中的火焰彈裂開後，從中放射大量熱量，以讓敵方飛彈擊中它。發射干擾絲及火焰彈的投射機是Mk36 SRBOC。

在部分柏克級驅逐艦上，開始裝備**Mk53 Nulka**誘標系統。將筒狀的大型誘標發射後，再次上升到程式設定的高度（約神盾艦桅桿的高度），旋轉翼伸展後開始旋轉。像竹蜻蜓一樣在數十分鐘之內，一邊滯空（停留在空中）一邊發射數種電波，使敵方飛彈誤以為該處有神盾艦（的桅桿）。在這一段時間內，神盾艦就能逃往其他海域。Nulka與干擾絲及火焰彈不同，由於能夠長時間對空作戰，所以能一邊離開敵方一邊發射電波，相當有效。

攝影：柿谷哲也

照片提供：澳洲國防部

在空中盤旋的Nulka。Nulka在土著語中意指「迅速」之意。

美國海軍驅逐艦「梅利厄斯號」中配備的Mk53 Nulka發射機。

照片提供：美國海軍

登陸艦「艾許蘭號」的Mk36 SRBOC。美日神盾艦皆有裝備。

2-17 戰術數據鏈路 —不單陸海空，也能與同盟國攜手

戰術數據鏈路是與艦艇、飛機或是陸上基地之間的通訊及資料的相互交換網路。美國和同盟國的戰術數據鏈路稱為**TADIL**（TActical Digital Information Links）。現代作戰中如果沒有戰術資訊，在作戰上是無法順遂進行的，因此戰術數據鏈路非常重要。

神盾艦使用的TADIL有LINK 16、LINK11和LINK4。LINK16由於採用UHF頻率或衛星通信，因此不只信號，還能夠傳輸及接收聲音及影像，美國、日本及NATO（北約組織）等會員國的主要艦船都搭配有LINK16。LINK11是比LINK16舊的系統，在神盾艦中如果沒有配備LINK16的艦船，為了能交換訊息，會配備LINK11。LINK4作為空中的飛機之間數據交換使用。不久的將來，在美國海軍、神盾艦及沒有配備LINK16的NATO（北約組織）艦艇上所配備的LINK22，會是將LINK11更新後的數據鏈路。

連接這些鏈路的是神盾戰鬥系統之一的**指揮統籌處理裝置C2P**（Model 5）。C2P將經過密碼化的數據信號傳送過來，經由上述的戰術資訊鏈路處理後，統合匯整至神盾武器系統的指揮決策系統，再顯示出來，或是分配到各負責人員的神盾顯示系統上。畫面上敵方的情報除了以類似單純記號般的符號表示外，也能夠顯示出從LINK16得到的影像。藉由這種方式，各個艦艇、空中巡邏機及空中預警機所發現的敵方情報，就能夠同時分享給艦隊或同盟國的艦艇，使共同作戰能夠更順利進行。

Aegis

攝影：柿谷哲也

05:13:09

⇧登陸艦「理查德號」的戰鬥情報中心。神盾艦各艦及飛機等從LINK16中收集到的資訊，都會顯示在畫面上。(照片有部分修改)

Strongest Shield

2-18 艦載直升機 —反潛作戰、反艦作戰的要素

西科斯基「SH-60B」反潛直升機

提康德羅加級巡洋艦和柏克級驅逐艦FLIGHT ⅡA、凡塞級巡防艦上配備的巡邏直升機，是西科斯基公司生產的SH-60B。以第3世代的輕型空中多目的系統（LAMPS Ⅲ）為基礎開發而成。

聲納或是聲納浮標以磁性探測儀（MAD）來偵測潛艦，並能以魚雷攻擊潛艦。此外，以對水面雷達來偵測敵方艦艇，也能夠發射地獄火飛彈等反艦飛彈。約於2010年起預定替換成新型的MH-60R。美國海軍的神盾艦配有2架、凡塞級巡防艦配有1架。

西科斯基「SH60-K」巡邏直升機

「愛宕」型護衛艦雖然能夠配載一架直升機，但目前並未搭載，將來可能會配備三菱重工製的SH-60K。SH-60K是以將SH-60B國產化的SH-60J為基礎，由三菱重工再設計的新機種。將機艙擴大，提高乘載性，並在螺旋槳上採用了複合材料等新技術。

SH-60K能夠配備地獄火反艦飛彈、97式魚雷、反潛深水炸彈。攻擊方式比SH-60J還多。還能夠在機上以低頻聲納HOS-104分析獲得的資訊。還具有合成孔徑雷達及紫外線攝影機FLIR，在海戰上比護衛艦的雷達範圍更廣，能夠在護衛艦上執行反艦飛彈攻擊。

美國海軍巡洋艦「威克斯堡號」搭載的SH-60B。是主力反潛直升機。

於美國海軍驅逐艦「卡蒂斯威爾巴號」上著艦的日本海上自衛隊的SH-60K。「愛宕」型雖然可配備直升機，但目前沒有搭載。

NHI「NH90」巡邏直升機

弗里德托夫南森級巡防艦、凡塞級巡防艦的各神盾艦上，各配備了一架制式的巡邏直升機，是由法國、德國、荷蘭及義大利共同開發，由NHI公司生產的「NH90」。運用了複合材料的機身十分輕巧，具良好耐海水腐蝕性，還兼具有防空雷達難以掃描到的**匿蹤性**。由於搭載了最新的自動操縱系統，所以在穩定的滯空狀態下能夠降下聲納。除了能以聲納偵測潛艦，用魚雷或深水炸彈攻擊之外，也能夠配備反艦飛彈。

歐洲神盾艦上搭載的型式是「NFH（NATO Frigate Helicopter）」；澳洲神盾艦及荷伯特級驅逐艦上配備的直升機是NH90的泛用直升機型「MRH90」或是西科斯基公司的「S-70B（SH-60）」。

阿古斯塔韋斯特蘭「超級山貓 Mk99」

挪威的南森級巡防艦將來雖然預定配備NH90，不過已配備的5艘，都能夠使用阿古斯塔韋斯特蘭公司的「山貓 Mk86」。山貓MK86除了能裝備沈降聲納或是2發魚雷及反潛炸彈外，也能裝備海賊鷗反艦飛彈。韓國的神盾艦世宗大王級驅逐艦雖然能搭載2架直升機，但配備機種尚未定案。韓國海軍雖然可配備超級山貓Mk99和Mk99A的2機種，但在決定搭配的直升機前，可能會配備超級山貓Mk99。超級山貓Mk99是山貓Mk86的進化版。

NHI試驗中的NH90（NFH）。挪威剛引進。澳洲也決定購買。

著艦於美國海軍航空母艦「史坦尼斯號」的韓國海軍超級山貓Mk99。世宗大王級搭載的直升機尚未決定。

2-19 硬式充氣艦載艇 —臨檢是否有可疑船隻進入

神盾艦搭載的小艇作用在於警戒監視周邊海域，或是神盾艦船員對可疑船隻進行臨檢用的登艦小艇。尤其最近在可疑船隻及海盜的對策上，神盾艦搭載的小艇是不可或缺的。這種小艇稱作RHIB（Rigid Hulled Inflatable Boat），直譯的話是**硬式充氣艇**。此艇是由橡膠製的舷（水面上的部分）和玻璃纖維強化塑膠（FRP：Fiber Reinforced Plastics）製的船底所構成，因此又稱為複合小艇。製造廠商有卓達、維方等，配備的引擎有安裝在船隻後部的船外機方式，及安裝於船身內部的船內機方式。

小艇速度雖然依引擎大小及數量等而有所差異，但小型艇也可達到30海浬（56㎞/時）、若是配備大型引擎，速度可達到70海浬（130㎞/時），遠遠高出母艦神盾艦的速度。由一人控船，此外還可乘載8～14名人員。部分的硬式充氣艇還配備有可安裝5.56㎜機關槍（MINIMI）的架台。

除了日韓的神盾艦以外，全都會配備上述製造商中的任2～3艘小艇。日本海上自衛隊「愛宕」型以外的神盾艦沒有搭載硬式充氣艇，取而代之的是具有FRP船身的氣艇。氣艇有一台小型柴油引擎，速度約7海浬，能乘載約25人。主要的任務是港口的連絡業務等。韓國的神盾艦配備了2艘由國產韓一集團生產的硬式充氣艇。

驅逐艦「卡尼號」搭載的硬式充氣艇，正在進行可疑船隻的臨檢訓練。

驅逐艦「平可尼號」搭載的硬式充氣艇。以上下2段裝載。

Column
02
被神盾艦SPY-1雷達發出的電磁波照到會燒焦？

神盾艦的SPY-1雷達，可以在偵測最大範圍的500㎞內發射強力電磁波。由於發射出的電磁波十分強烈，所以對人體會造成影響。

正因如此，當神盾艦的SPY-1雷達在運作時，日本海上自衛隊的船員不會在甲板作業。此外，神盾艦在港內時，SPY-1雷達也不會運作，在運作時也不會總是呈現最大輸出功率，而是根據作戰內容或狀況來調整。不過因為各國的安全基準不同，當SPY-1雷達在運作時，美國海軍神盾艦的船員是仍然在甲板上作業的。

「照到SPY-1雷達會燒焦？」此一話題經常受到討論，大概是因為目前的研究中，有一項技術是利用SPY-1雷達使電磁波集中發射以攻擊敵人。然而非攻擊型的偵測型SPY-1雷達，即使運作時達到最大功率，也不會把人變焦黑。

如果在近距離內的物品真的會燒焦，那麼發射之後的SM-2或是在作戰區域中飛行的友軍飛機、在附近航行的友軍艦艇，也都會變得焦黑了。但因為沒有發生過這種事，所以可以証明即使照射到SPY-1雷達，也不會變焦黑。

然而即使不會燒焦，但在醫學及科學的研究上，電磁波對人體的不良影響也的確持續被證實中。

第3章

神盾艦的作戰方式

神盾艦如何運用前章所述的高性能武器，
來打敗敵方呢？
本章將解說神盾艦專屬的戰法、
運用方式、以及神盾艦目前為止的實戰內容等。

神盾護衛艦「金剛」是日本海上自衛隊艦船中首艘發射迎擊彈道飛彈的標準飛彈-3（SM-3）。

神盾艦防空戰❶
3-01 —防空雷達

對於來襲的敵方戰鬥機或飛彈進行反制的戰鬥，稱為**防空作戰**或是**AAW**（Anti Air Warfare）。艦隊或是神盾艦本身必須守衛民間的船舶。海軍的防空作戰中，不可或缺的裝備是**防空雷達**和**對空飛彈**。若是3000噸以上的水面戰鬥艦，因為性能上的差距，幾乎所有該型艦種都會配備防空雷達，但中小型海軍未配備防空雷達的戰鬥艦也十分多，由此可知防空戰的裝備價格有多不菲了。

防空作戰首先從偵測開始。由防空雷達偵測到的物體，會出現在戰鬥指揮中樞的**戰鬥情報中心**內部的雷達畫面上。接著，在艦橋後方豎立著的桅桿上的圓盤型敵我辨識系統，會接收到此物體的「**敵我辨識訊號**（IFF：Identification friend or foe）」。當無法收到友軍識別訊號，而且以無線通訊呼叫也無反應時，就很有可能是敵方的飛機或飛彈了。此時艦內會下令準備防空作戰，人員開始進行戰鬥著裝及配置。

雷達會持續追蹤目標（飛行物體），AAW負責人員則在顯示器上讀取目標物的方位、速度及進行方向。在這段時間內，解析系統也會分析威脅性的大小，自動分析飛行物體的飛行路徑或是機動性能，若判斷屬於敵方，**戰術行動官**就會下達防空戰指令。戰術行動官會從終端器上顯示的選擇名單，來決定要使用哪種武器。若選擇了防空飛彈，在輸入重量、尺寸等各種要素後，會由戰術行動官或是艦長下令發射防空飛彈。

TACAN戰術導航儀
（URN-25）
戰術數據鏈路天線
（AS-4127/URC-107）
直升機用戰術數據鏈路天線
IFF敵我辨識系統（UPX-29）
CEC聯合接戰系統鏈
路天線（USG-2）
水面搜索雷達（PSP-67）
航海用雷達（SPS-64）
射擊指揮裝置（SPG-62）
防空雷達
（SPY-1）

攝影：柿谷哲也

↑美國海軍驅逐艦「平可尼號」。桅桿中段略上方有個圓盤狀裝置（白色圓頂物的下方），是敵我辨識系統（IFF）的收訊裝置。

神盾艦防空戰❷
3-02 —對空飛彈

對空飛彈由於無法自己發現接近中的對空目標，所以需要神盾艦的引導。SPY-1雷達會持續追蹤變化不定的目標位置，並以此資訊為基礎，來演算目標物的未來走向，再對準目標以指示飛行中對空飛彈的方向。

如果此一目標物是以戰鬥攻擊機發射出反艦飛彈的狀況下，雷達畫面上就會再多出一個追蹤光點。在此一瞬間便能夠判斷出「飛彈已發射！」。此種情況下電腦的基本原則（Doctrine）是比起追蹤目標（戰鬥攻擊機），飛彈是更重大的威脅。因此便會對對空飛彈下達將目標由戰鬥攻擊機改成反艦飛彈的修正指示。若是判斷已來不及修正的話，會將第2發對空飛彈對準來襲的反艦飛彈發射，如此這般一次次的偵測新的威脅，來發射對空飛彈。

對空飛彈與目標物接近時的終端引導，並非由SPY-1執行，而是由**照明雷達**來操縱。照明雷達對著飛來的目標發射電波，電波射到目標後會反射回去。對空飛彈接收到該電波，捕捉到目標物的方向後命中目標。美日韓的神盾艦因為擁有3台照明雷達，所以**在時間差上，終端引導能同時引導15枚對空飛彈**。此外，神盾艦以外的戰鬥艦在引導對空飛彈時，由於一個目標需要以照明雷達持續照射電波的關係，因此鎖定一個目標就占用了一台照明雷達。

照明雷達也稱為「照射器」、「射擊指向裝置」、「射擊指揮雷達」等。照片為「金剛號」艦橋上的照明雷達，形狀如盤子。

美國海軍的柏克級驅逐艦「平可尼號」的後部照明雷達。

神盾艦防空戰③
3-03 —防禦

神盾艦為了守衛艦隊，會連續發射對空飛彈、以及持續摧毀敵方的反艦飛彈。然而由於對空飛彈、雷達及照明雷達都是機器的關係，有時會因為種種理由而無法命中目標。神盾艦如果反擊失敗，接下來要採取的行動便是防禦。敵方反艦飛彈會向神盾艦發射電波，在接收反射波時鎖定神盾艦的位置以突襲（稱為主動式雷達導引）。**電子戰裝置**能夠干擾此電波，使敵方反艦飛彈無法作用。神盾艦有兩種電子戰裝置，分別是偵測敵方電波的裝置及發出干擾電波的裝置。使用此種裝置的戰鬥方法稱為**電子戰**（EW：Electronic Warfare）。

神盾艦能在電子干擾的同時，連續發射**5吋砲**（參照p.84）等主砲，猛烈攻擊反艦飛彈。美國及西班牙的神盾艦和「愛宕」型，1分鐘內能發射20發5吋砲；「金剛」型45發；挪威神盾艦1分鐘內能發射85發76㎜砲。

若反艦飛彈避開了密集的火力攻集，繼續接近神盾艦時，神盾艦便會在空中放出**干擾絲**、**火焰彈**、**Nulka誘標**（參照p.94）等欺敵武器，也就是針對反艦飛彈釋放出該處似乎有神盾艦的反射物或紫外線。此時神盾艦本身也會採取迴避行動。神盾艦的最後防禦手段是**方陣快砲**（參照p.82），在1秒內連續發射75發方陣20㎜機關砲，萬一此防禦也失敗的話，敵方反艦飛彈便會擊中神盾艦了。

攝影：柿谷哲也

↑以神盾艦「金剛」為目標的敵方F-16A戰鬥機，假定搭載有敵方對艦飛彈的高速標的物。

攝影：柿谷哲也

↑為了防禦而在空中放出火焰彈的日本海上自衛隊護衛艦「山雪」。神盾艦也會做出同樣防禦動作。

3-04 神盾艦防空戰❹ —匿蹤戰鬥機看得見嗎？

F-22猛禽戰鬥機、B-2轟炸機等匿蹤機，使用了雷達偵測不出來的技術。由於採用了一種稱為**雷達截面積**（RCS：Radar Cross Section）、把物體的雷達反射率降至最低極限的設計，所以可以產生敵方雷達無法反射的效果。在理論上，就連神盾艦的SPY-1雷達也偵測不出來。

由於現在利用匿蹤機的只有美國空軍，所以不會與同盟國的神盾艦發生對峙情況，但將來俄羅斯等國也會開始研發匿蹤戰機，所以會對神盾艦產生威脅。此外，俄羅斯或中國研發中的匿蹤機，也具有反艦攻擊能力。而俄羅斯目前也在研究匿蹤性高的反艦飛彈或是能夠對艦攻擊的巡弋飛彈。實際上，雖然SPY-1雷達捕捉到的匿蹤機在畫面上顯現出的樣子並未公諸於世，但是在匿蹤機飛來的基地周邊所設的機場雷達上，顯示出的機影光點大小約在民航機的十分之一以下，所以可以說是真的偵測不出來的。

不過，與神盾艦的SPY-1雷達採用相同的相位陣列（主動方式）、開發了「APAR（Active Phased Array Radar）」系統的泰雷斯荷蘭公司的技術人員表示，在英國本土以演習為目的而飛來的F-117匿蹤戰鬥機的機影，在荷蘭的登海爾德洋**被APAR艦探測到了**。這代表了在技術面上，即使是神盾艦也有可能捕捉到匿蹤機。雖說如此，由於在雷達畫面上只能映照出極小的樣子，所以解析裝置能不能判斷出此物體是否具有威脅性還是未知數。

被稱為世界最強戰鬥機、匿蹤性極高的美國空軍戰鬥機F-22。

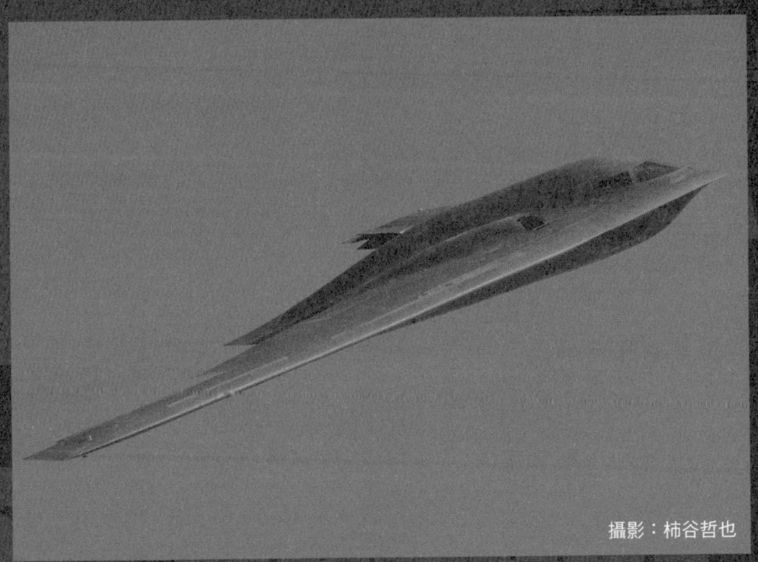

在轟炸機中唯一可匿蹤的美國空軍匿蹤轟炸機B-2。為了降低雷達反射所以沒有尾翼。

3-05 神盾艦反潛戰❶—防禦

不只神盾艦，水面艦隻最大的敵人也是潛艦。反制潛艦的作戰類型稱為**反潛作戰**（ASW：Anti Submarine Warfare）。即使是平時的訓練，也會在接近外國的潛艦後，就中止訓練離開該海域，以免引發意外的事件。潛艦平時會收集對手國艦艇發出的音波，一旦有事的時候，在海底沈潛的潛艦就會將接近的水面船隻音波與之前收集的音波資料相比對，以確定艦種和艦名。

在反潛戰中，神盾艦等水面艦不會主動對潛艦挑起戰端。神盾艦以艦首的聲納來偵測潛艦時，潛艦已經先搜尋到航行的神盾艦音波，並找出其位置所在，魚雷發射管打開，隨時都能夠射擊。

戰爭由此展開序幕。首先，敵方潛艦會先發現神盾艦並發射魚雷。接著神盾艦的聲納會探測到由潛艦發射的魚雷音波而採取迴避行動。迴避行動之一是放出「**水精**」（SLQ-25）。水精此一裝置能夠產生類似艦艇音波的信號，放出與引擎或螺旋槳聲音相似頻率的雜音，使該處產生似乎有神盾艦的錯覺，敵方魚雷因此會將水精誤認為是神盾艦而開始追蹤。此外，神盾艦還會藉由防禦裝置的**隔音用氣泡裝備**放出氣泡。隔音用氣泡裝備位於船舷側各部位，將順著船體傳往海中的引擎聲以氣泡遮蔽起來，使船體的聲音不會直接傳入海水中。這樣就能攪亂敵方魚雷，最後使魚雷動力耗盡、自我摧毀。

攝影：柿谷哲也

⬆航行於海上的日本自衛隊護衛艦「澤霧」，從船體放出隔音用氣泡裝備。海面上的白色帶狀物，不是螺旋槳的航跡，而是隔音用氣泡裝備的泡泡。

照片提供：美國海軍

⬆從美國海軍航空母艦「喬治華盛頓號」的艦尾搬出水精的瞬間。

3-06 神盾艦反潛戰❷—偵測

若躲過了敵方潛艦的魚雷，接著就是神盾艦的反擊了。首先是利用各種**聲納**來偵測敵方潛艦的位置。艦首有稱為**船首聲納**的音波探測器，以內部的轉換器（接收波器）發送電波，碰到敵方潛艦後折返，分析音波以確定敵方的距離、方向及深度。這種方式稱為主動方式，由於對方也可以接收音波，所以神盾艦的位置也會被同時偵測出來，是一大缺點。

美國的神盾艦和「金剛」型裝備有**拖曳式聲納系統**（TASS:Towed Array Sonar System）。拖曳式聲納會從艦尾利用約2㎞的鋼索來拖曳全長約250m的水中麥克風，藉以搜尋聲音、偵測距離。這種方式稱為被動方式，敵方潛艦不能找到己方艦隊的位置（TASS 的位置）。

提康德羅加級、柏克級Flight ⅡA及歐洲的神盾艦，備配有對潛艦而言最大的威脅—反潛直升機。這是因為絕大多數的潛艦沒有備配能夠攻擊空中直升機的武器。反潛直升機會在海面投下數個**聲納浮標**，聲納浮標以被動方式感知潛艦的音波，偵測出位置。接著直升機會將**沈降聲納**（AQS-13F）沈入水中，放出音波（主動方式）後以折返回的音波來掌握潛艦的正確位置。除了這種方式以外，還可以拖曳**磁性探測儀**（MAD：Magnetic Anomaly Detector），藉由磁性來找出由金屬材質建造成的潛艦。由於MAD不是利用投入海面的方式，所以不會被潛艦查覺。

⬆西科斯基「SH-60B海鷹」將聲納浮標裝備於聲納浮標發射器上的作業。最大可以裝備20個聲納浮標。

⬆圖為西科斯基「SH-60F」將沈降聲納投入水中的瞬間。沈降聲納以主動方式偵測潛艦位置。

3-07 神盾艦反潛戰③—攻擊

偵測出敵方潛艦的特定位置後，接下來就是攻擊了。針對水中潛艦的攻擊，分成魚雷和深水炸彈兩種。各國的神盾艦在兩舷裝備有**三聯裝或是二聯裝的魚雷發射管**，可以用魚雷來攻擊潛艦。只是裝備的魚雷因為要追蹤潛艦的音波，神盾艦如果間隔一段時間不發射魚雷，其他魚雷就會被追蹤了，這是缺點之一。

頗具成效的是美日韓神盾艦裝備的**反潛火箭（ASROC）**，它是從垂直發射系統發射，安裝有火箭的魚雷。火箭在上空分離，落海後魚雷部位啟動，開始追蹤敵方潛艦。因為能從長距離狙擊潛艦，所以非常有殺傷力。

西班牙海軍的艾爾巴德凡薩級，配備有稱為反潛臼砲的反潛炸彈投射機，在即將發射前設定好爆炸深度。神盾艦配備的SH-60B反潛直升機無法裝載反潛炸彈，但是「愛宕」型護衛艦可以搭載的國產SH-60K直升機，能夠裝載反潛炸彈，在投下前能輸入爆炸深度。由於在水中衝擊力很容易傳達，所以即使沒有直接擊中潛艦，單單是**在近處爆炸，就能使潛艦的外殼或內殼受損**。神盾艦等水面艦，即使船身受到些許損傷，還是能保有戰鬥能力進行傷害控管（損管），但潛艦只要受到一點損傷，就無法繼續作戰，由於不能進行應變措施，所以只好浮出水面全員逃出。因此，潛艦雖然是神盾艦最大的敵人，但因應戰術，也是有逆轉情勢的機會。

照片提供：Department of Defense

↑俄羅斯北洋艦隊所屬德爾塔Ⅳ的彈道飛彈核子動力潛艦。

攝影：柿谷哲也

↑俄羅斯製的基洛級攻擊型潛艦，在潛艦中以安靜穩定著名。照片為印度海軍的「辛杜拉克沙克號」。

3-08 神盾艦的地面戰 —能以戰斧飛彈進行對地攻擊

最初開發神盾艦的目的，是單以對空飛彈就能執行艦隊防空，然而裝備了垂直發射系統的改良型提康德羅加級，還可以發射戰斧巡弋飛彈，如此一來，神盾艦就能進行**攻擊作戰**（STW：STrike Warfare）直接攻擊離沿岸1000㎞以上的敵方本土。除了美國之外的神盾艦，西班牙的凡塞級與韓國的世宗大王級，將來也預定會配備巡弋飛彈。戰斧巡弋飛彈雖然也有核彈頭型，但是美國海軍從80年代後半起，就將核武器從水面艦撤去，現在並沒有配備。若艦內有核武器，就需要有管理及執行的責任者，還需要人員的訓練及安全教育，會影響其他作戰使效率變差。因此搭載核武會使軍艦的機能削弱。也就是說，神盾艦正因為**不搭載核武器，所以能夠使作戰更加靈活**。

除此之外，神盾艦能在對空防禦時使用5吋砲、在對地攻擊時使用76㎜砲。砲彈並非對空用，而是使用一般彈或穿甲彈。裝備5吋砲Mk45 Mod4的神盾艦，將來也能夠像以GPS作為引導的飛彈一般，使用**增程導向砲彈**（ERGM）達到長距離的準確射擊。此外，在2009年之後，新建造的柏克級能夠以無人25㎜機關砲Mk38 Mod4進行沿岸的對地射擊演習，而未滿一個小隊的海軍陸戰隊，也利用柏克級開始進行以快艇或直升機登陸的訓練。25㎜機關砲的對地射擊演習，假定的是對進行登陸的海軍陸戰隊或特殊部隊等的掃灘支援射擊。

➔美國的海軍巡洋艦「菲律賓海」，以阿富汗本土的恐怖分子組織據點為目標，發射戰斧巡曳飛彈。

照片提供：美國海軍

照片提供：美國海軍

➔海軍特殊部隊「SEALs」為了評估及偵察攻擊地點而潛入阿富汗境內，並與海上的艦艇合作。照片為在阿富汗東部偵察的SEALs。

神盾艦的反水面作戰
3-09 —與直升機合作打擊敵方

與敵方水面戰鬥艦的戰鬥稱為**反水面作戰**（ASuW：Anti Surface Warfare）。最有利的反水面作戰法，是使用可以裝載反艦飛彈的直升機，如SH-60B等。直升機只要在續航距離的範圍內，就能夠攻擊到離神盾艦極遠的地方。

舉例來說，偵察直升機為了不被對空雷達偵測到，會以極接近海面的方式飛行並接近敵艦。接著，為了讓裝備在直升機上的雷達發揮作用，會在不被發現的高度內略微上升，若發現了敵艦就輸入反艦飛彈資訊。直升機即使將反艦飛彈全數射擊完，敵艦的位置情報也能送至神盾艦，神盾艦能依據該情報發射反艦飛彈。**藉由直升機和神盾艦的合作，能夠確實殲滅想要擊沈的敵艦**。

此外，神盾艦所持對抗敵方戰鬥艦的武器，是反艦飛彈和艦砲（大砲）。美日的神盾艦上配備有8枚反艦飛彈，但韓國的神盾艦則配有16枚。每枚反艦飛彈的射程大約都在110～150㎞左右，一般而言，配備的偵察直升機確認了目標敵艦後，會根據情報發射反艦飛彈。艦砲是5吋砲或是76㎜砲，使用的彈藥是普通彈、穿甲彈。然而，當對手大小在3000噸左右時，若5吋砲彈無法準確命中至少10枚的話，就無法摧毀對手。

Aegis Destroyer

↑美國海軍巡洋艦「艾略湖號」發射的魚叉反艦飛彈。照片中的為訓練彈「TRGM-84」

The Strongest Shield

3-10 反恐戰 —防止自殺炸彈攻擊，守護艦隊

神盾艦最有可能被狙擊的時候，是當乘員在休假、運補而停泊於港口時。2000年停泊於亞丁港的神盾艦，由於恐怖分子小艇的自殺炸彈攻擊，而使17名乘員死亡。於港灣防禦自殺炸彈攻擊等的警戒稱為**部隊防禦**，又稱為**部隊警戒**。

部隊防禦是戒備小艇、車輛或直升機等小型機，或是戒備恐怖分子自身的人肉炸彈等的自殺攻擊，依靠偵察兵來監視。在甲板或舷側的通路上設置12.7㎜ M2機關槍，或是在艦橋旁的翼部設置5.56㎜ MINIMI機關槍，在機關槍周圍有防彈板，負責監視的人員穿上防彈衣監視。此外，美國神盾艦還加上監視器，又追加了可以無人射擊的25㎜機關砲Mk38 Mod2。由於無人操縱，所以在艦內以監視器24小時看管。

恐怖分子也可能從水面下接近神盾艦，在船身下安置炸彈。因此具有潛水資格的乘員有時會潛入水中確認船底的樣子。此外，為了防止恐怖分子搭著直升機強行著陸於甲板挾持神盾艦，所以為了讓直升機無法著陸於甲板上，會放上**尖釘裝置**。靠近騷亂區域的港口，或是與美國關係不友好的港口，神盾艦也不會靠於岸壁，而是在略遠處將錨拋下停泊。這時會將艦載艇的硬式充氣艇卸至海上，24小時監視神盾艦的四周有無異狀。

巡洋艦「約克鎮號」的艦橋翼部設置的12.7㎜機關槍M2。能夠摧毀10m左右的小艇。

停泊於菲律賓蘇比克灣的驅逐艦「保羅漢彌爾頓號」，於直升機甲板上設置的硬釘，可防止敵方強行著艦。

3-11 海事安全行動 —海軍特種部隊臨檢可疑船隻

海事安全行動又稱為MSO（Maritime Security Operation）。海事安全行動主要的任務是臨檢或是執行**海上攔檢行動**（MIO：Maritime interdiction operation）。海上攔檢行動是當懷疑民間船隻運送武器、軍方資金的物資、違禁品，或是有幫助恐怖分子脫逃之虞時，以神盾艦等水面艦艇檢視可疑船隻的行動及貨物確認等任務。

當神盾艦接近可疑船隻後，會以無線電或是旗語、燈光等方式命令對方停船。接著派出**武裝偵搜隊**（VBSS：Visit Board Search and Seizure）。武裝偵搜隊以艦載充氣式硬艇或是艦載直升機上船後，開始檢查船內。美國海軍神盾艦的武裝偵搜隊，是從乘員中挑選出15名，編成2組。隊員經過特別授課後擁有武裝偵搜隊的資格，會攜帶突擊步槍、霰彈槍、手槍等小型武器。幾乎所有神盾艦的武裝偵搜隊都是乘坐2艘硬式充氣艇，一艘是武裝偵搜隊本隊，另一艘是在登船時執行警戒監視，和有狀況時做出警告射擊等的支援行動。

部分神盾艦也有以艦載直升機作為偵搜的部隊（稱為HVBSS）。武裝偵搜隊登上可疑船隻後，會向船長提出查驗貨物明細（聲明）的要求，以此作為扣留船內的可疑物品的依據。對照國際法等，如果認罪的話，會與近岸警備隊等執法機構合作，將船隻、船長（及船員）移交。

照片提供：美國海軍

⬆搭乘美國海軍驅逐艦「柏克萊號」艦載硬式充氣艇的武裝偵搜隊。

照片提供：美國海軍

⬆美國海軍巡洋艦「夏普倫湖號」艦上進行訓練的武裝偵搜隊。備有M4突擊步槍或M1911手槍。

3-12 防止大量毀滅性武器的擴散 —各國的合作是必要但艱難的任務

神盾艦海事安全行動目的之一，就是對疑似運送大量如核武等毀滅性武器的船隻開戰。2003年美國、日本等十一國集結會議，決定了**防止武器擴散倡議**（PSI：Proliferation Security Initiative），制定了參與各國對於防止擴散的措施。自2009年6月1日起至今，世界上已有95國加入。監視對象不只是大量的毀滅性武器，還包括了製造時必要的材料、物品、精密工作機械、設計圖及科學家、專業人員等。

加入PSI的國家會共同合作，由海軍及海洋法執行機關監視可疑船隻的運輸貨物。「限武作戰」在海事安全行動中規模相當大，沿岸國或相關國的海軍艦隊、沿岸警衛隊的巡視船等追蹤可疑船隻的任務，由各艦隊針對可疑船隻派出海軍特種部隊。為了防止對手國戰鬥機造成的干擾，或是派出直升機幫助嫌犯逃亡或物資運出，神盾艦會展開防空監視，再由司令部或政府機關要求PSI會員國或周邊國家的空軍出動戰鬥機。海軍特種部隊鎮壓船內、確認可疑物後，由神盾艦等艦船將可疑船舶押往特定港口。在這段時間內，神盾艦仍然會監視周邊的海域及空域。

北韓於2009年5月進行了第二次核爆試驗，韓國藉由此契機表明要求加入PSI，至此擁有神盾艦的國家全數加入了PSI。與核物質有關的走私品由軍人等來防衛，但還需要高難度的戰術及對照國際法，以及各國政府的主觀判斷，是相當艱難的任務之一。

攝影：柿谷哲也

⮉2003年首次PSI訓練中，為了搜索可疑船隻，與日本海上保安廳的巡視船「敷島」(後)共同合作的美國海軍驅逐艦「柯提斯韋布號」(前)。

攝影：柿谷哲也

⮉柯提斯韋布號監視可疑船隻的行動。而為了使載有特殊部隊的直升機進行船舶臨檢，巡視船「敷島」往可疑船隻接近中。

3-13 戰爭以外的軍事作戰 —人道救援及搜索救難也是重要任務

戰爭之外的軍事作戰稱為非戰爭軍事行動（MOOTW：Military Operation Other Than War）。神盾艦的非戰爭軍事行動，除了前面所述的平時海上阻止作戰或PSI作戰外，還有警備活動、災害派遣或人道救援、救難等需要醫療或軍隊運輸力的任務。非戰爭軍事行動的警備活動，主要是在鄰接政變或災害等情勢不安定地域的港灣或沿岸，以抑止海上犯罪及動亂的目的艦艇部署。尤其是外國當地警察人力不足的情況下，會應政府或聯合國的要求來行動。

人道救援（HAO：Humanitarian Assistance Operation）利用神盾艦的海上運輸力來輸送救援物資，或是由醫療設備及醫療負責人員來進行醫療活動。前陣子的喬治亞內戰，就是由驅逐艦「麥克法」進行人道救援活動。**搜索救援**（SAR：Search And Rescue）是指活用艦載直升機或艦載硬式充氣艇的能力來搜索、救助海上需救援的人。從廣義的意義來看非戰爭軍事行動，也可以包含派遣艦艇至開發中國家，由乘員進行給水或建築物修繕的**ENCAP**（ENgineering Civil Action Program/Project），2008年驅逐艦「慕斯丁」便是到柬埔寨執行此任務。

海盜或毒品取締等海上犯罪的打擊行動，也是非戰爭軍事行動的任務之一。當收到由被海盜攻擊的船舶發來的救助要求時，神盾艦配備的直升機就會馬上飛往現場海域，從空中擊退海盜，或是編成海軍特種部隊，以硬式充氣艇前往救援被害船隻。美國神盾艦通常是與美國沿岸警備隊一起聯合作戰。

照片提供：美國海軍

🡅2003年於北阿拉伯海發現毒品運輸船（前下方）的巡洋艦「皇家港號」神盾艦，在海上阻止作戰的船舶檢查中，如果發現毒品交易的可能性，為了避免嫌犯的同伙以直升機奪走毒品，會在周邊空域警戒監視。

照片提供：美國海軍

🡅2009年3月在索馬利亞海岸受到海盜洗劫，因而漂流海面5天的船員被驅逐艦「班布里吉號」和兩棲攻擊艦「拳師號」救上來的場景。

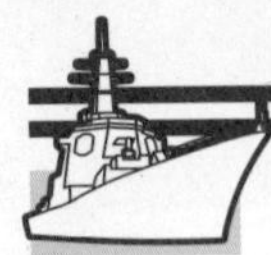

3-14 神盾艦的實際任務❶——防空戰

神盾艦首次以SPY-1雷達和SM-2對空飛彈將飛機擊落的例子，是巡洋艦「文森尼斯號」的伊朗航空機誤擊事件。當時，由於兩伊戰爭的關係，美國海軍和同盟軍進行了護衛民間船隻的「誠摯之聲行動」。1988年7月3日，從德黑蘭起飛的655號班機（空中巴士A300），一邊發出民航機的識別符號「Mode C」，一邊飛離波斯灣。

巡洋艦「文森尼斯」的敵我辨識訊號（IFF）也接收到了此一識別符號。神盾艦的無線電負責人員為了確認，便以各種類的無線訊號呼叫此一飛機，然而都沒有得到回應。艦長由雷達掃描出的機影，懷疑該飛機是伊朗空軍F-14A戰鬥機的編隊。由於1987年伊拉克空軍幻象F1曾將美國海軍巡防艦「史塔克號」誤認為是伊朗軍艦，而以飛魚式反艦飛彈攻擊的事件才發生不久，因此美方認為這次也是**因為對方誤判，可能會使美方受到反艦攻擊**。

此外，與當時美國F-14A只有限定的攻陸、反艦攻擊能力不同，伊朗空軍自行改造了F-14A的軍火管制裝置，因此使用海鷹反艦飛彈的可能性也是有的。因此最後艦長決定發射SM-2，將該飛機擊落。然而當時被擊中的卻是伊朗民航機，此事件造成了兩國間的喧然大波，這是至今為止唯一在作戰環境下，以SPY-1雷達偵測到飛機，並以SM-2飛彈擊落的例子。

攝影：柿谷哲也

⬆首次在戰鬥環境下以SPY-1雷達和SM-2將飛機擊落的巡洋艦「文森尼斯」。照片為在東京灣舉行的觀艦式時所攝。

攝影：柿谷哲也

⬆SM-2擊中的是伊朗航空的空中巴士A300型。照片為將飛機拖往德黑蘭機場的伊朗航空空中巴士A310型，與A300型同等級。

3-15 神盾艦的實際任務❷ —戰斧巡弋飛彈的運用

神盾艦執行的首次陸地攻擊，是1991年的波斯灣戰爭。Mk41 VLS與軍火管制系統可以再搭配上戰斧巡弋飛彈的處理能力。戰斧飛彈是開戰後的第一擊，由7艘提康德羅加級巡洋艦合計發射了105枚，攻擊伊拉克軍的主要基地。1996年與伊拉克的「沙漠風暴」戰役中，由巡洋艦「席羅號」、驅逐艦「拉邦號」、「拉塞爾號」以及非神盾艦的驅逐艦「希維德號」和潛水艦「傑佛遜市號」總共發射了31枚戰斧巡弋飛彈。柏克級驅逐艦則是首次發射戰斧飛彈。

在阿富汗反恐戰爭時，神盾艦在「持久自由軍事行動」中，首次攻擊沒有臨海的國家。2001年10月7日到15日間，神盾艦和英美的潛水艦朝著離北阿拉伯海距離1000㎞以上的阿富汗西北部，發射了93枚戰斧巡弋飛彈。戰爭終結宣言後，雖然艦艇不再進行戰斧飛彈攻擊，但由於現在「持久自由軍事行動」還在進行中，所以還是有航空機在持續攻擊。

2003年伊拉克戰爭的「自由伊拉克軍事行動」，在開戰初期以神盾艦和潛水艦發射了45枚戰斧巡弋飛彈。一般認為比其他戰爭的發射數量要少的原因，是因為巡弋飛彈的持續攻擊，**利用飛機攻擊的時間差變少之故**。可能是因為戰斧飛彈需要飛行，所以想要避免空域限制的時間變長。

照片提供：美國海軍

🡅2003年「自由伊拉克軍事行動」中，發射戰斧巡弋飛彈的巡洋艦「聖喬治角號」。

3-16 神盾艦的實際任務❸ —反潛、反水面作戰

美國第5艦隊在波斯灣的巴連設有司令部，眾多艦艇在其指揮下於波斯灣或北阿拉伯海活動。艦艇從北阿拉伯海進入波斯灣時，需通過伊朗和阿曼間的荷莫茲海峽。美國艦艇在此時對伊朗**海軍的動靜最為警戒**。

伊朗海軍的基洛級潛水艦沈潛在荷莫茲海峽海底，監視在水面航行的美軍舉動。神盾艦由於是被對方狙擊的對象，所以會利用艦首的主動聲納，來**確認基洛級潛水艦的位置**。舷側的魚雷發射管也裝填好魚雷，將隨時可以發射的魚雷發射管面向海面作好警戒。到目前為止，雖然還未有過基洛級潛水艦的挑釁，但是由伊朗海軍水面艦挑起的騷動十分常見，阿爾邦級巡防艦或高速巡邏艦等會在荷莫茲海峽南側待機，待美國艦艇欲通過海峽時，不斷做出挑釁行為。美方為了不受到騷亂影響而徹底執行安全航行，在航行時會一邊由以5.56㎜ MINIMI機關槍和12.7㎜ M2機關槍組成的部隊防禦警戒和監視伊朗方面的反艦飛彈，一邊將干擾絲、火焰彈裝填至發射機中。

2009年3月，在中國海南島附近的公海，中國漁政漁港監督管理局的取締船及其管理之下的漁船，對調查中的美國海軍做出妨礙航行的挑釁事件，由於水下音響測定該艦面臨危急狀態，因此第7艦隊派出神盾艦「鐘雲號」護航，執行警戒監視活動。

攝影：柿谷哲也

↑伊朗海軍的阿爾邦級巡防艦。伊朗海軍的任務是監視通過荷莫茲海峽的各國艦艇。

攝影：柿谷哲也

↑中國漁業取締船也曾妨礙美國海軍行動。照片為漁政漁港監督管理管的「中國漁政21」。為原海軍運輸艦，保有37㎜連裝砲等武裝。

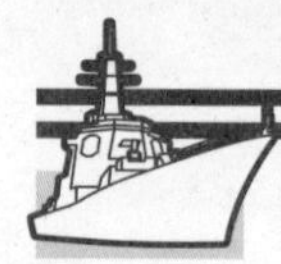

3-17 神盾艦的實際任務④ —人道救援及艦隊護衛

2008年7月俄羅斯的喬治亞侵略事件，美國第6艦隊於喬治亞的黑海沿岸派出了第6艦隊旗艦的登陸指揮艦「惠特尼山號」、神盾驅逐艦「麥克法號」和沿岸警備隊的巡視船「達拉斯號」。這是因為俄羅斯在喬治亞境內的主要通路設了檢查口，使物資流通惡化，影響市民生活。

3支小艦隊在美國海軍位於希臘克里特島的桑達貝基地，將約70噸、82個貨板的食糧、醫藥品及嬰兒食品等運載上船後出港。麥克法號的任務是小艦隊的防空監視和反水面監視，護衛旗艦和巡視船，但也可以運送少量的支援物資。

小艦隊想要進入靠近俄羅斯和喬治亞國境，離需要支援的村子較近的索奇港，但由於索奇港與周邊海域屬於俄羅斯海軍所以無法靠近，因此3支小艦隊進入西部的巴統港，將支援物資卸下。**這是神盾級驅逐艦首次在戰爭地區進行人道救援活動的例子。**

然而，此例子的背景下其實有牽制俄羅斯的意味。俄羅斯海軍和黑海艦隊的驅逐艦等，想在喬治亞沿岸將8支喬治亞軍沿岸警備隊的警備艇擊沈，因此緊張感依然持續。美國雖然與俄羅斯的戰爭一觸即發，但由於牽制和人道救援的一石二鳥之計成功而避免了戰鬥。人道救援活動通常是登陸艦的任務，但這次由於還有防空監視和反水面監視的需要，所以無論如何都需要神盾驅逐艦的支援。

↑於喬治亞運送人道救援物資及警備的神盾驅逐艦「麥克法號」（右）和沿岸警備隊的巡視船「達拉斯」（左）。

↑2008年於喬治亞巴統港，將提供給喬治亞市民的援助物資卸下的神盾驅逐艦「麥克法號」。

彈道飛彈防禦❶
3-18 —以神盾艦迎擊彈道飛彈

以神盾艦的SPY-1雷達偵測、追蹤並迎擊敵方發射飛彈的計劃，是美國飛彈防禦署（MDA：Missile Defense Agency）正在發展的**神盾彈道飛彈防禦系統**（ABMD：Aegis Ballistic Missile Defense），通常稱為**神盾BMD**。

彈道飛彈依飛行距離而分成數種類型，射程在1000㎞以下的短程彈道飛彈（SRBM）、2000㎞以下的準中程彈道飛彈（MRBM）、6000㎞以下的中程彈道飛彈和射程超過上述距離的洲際彈道飛彈（ICBM）。

敵方發射的彈道飛彈，發射之後飛行路徑基本上為拋物線。雷達利用此一特性來預測偵測到的飛彈路徑和最終地點並迎擊。**迎擊時機分為三階段：**

▼**第1階段**：助升階段防禦（BDS）
彈道飛彈發射後上升中，以空軍的空中雷射攻擊機迎擊。
▼**第2階段**：中途階段防禦（MDS）
彈道飛彈的上升用火箭在燃料使用殆盡落下前的階段，以神盾艦的SM-3彈道飛彈來迎擊。
▼**第3階段**：終端階段防禦（TDS）
彈道飛彈開始落下，進入大氣層後，以陸軍使用的PAC-3彈道飛彈迎擊飛彈或神盾艦的SM-2 BLOCK IV彈道飛彈來迎擊。

神盾彈道飛彈防禦系統（神盾BMD）的概念圖

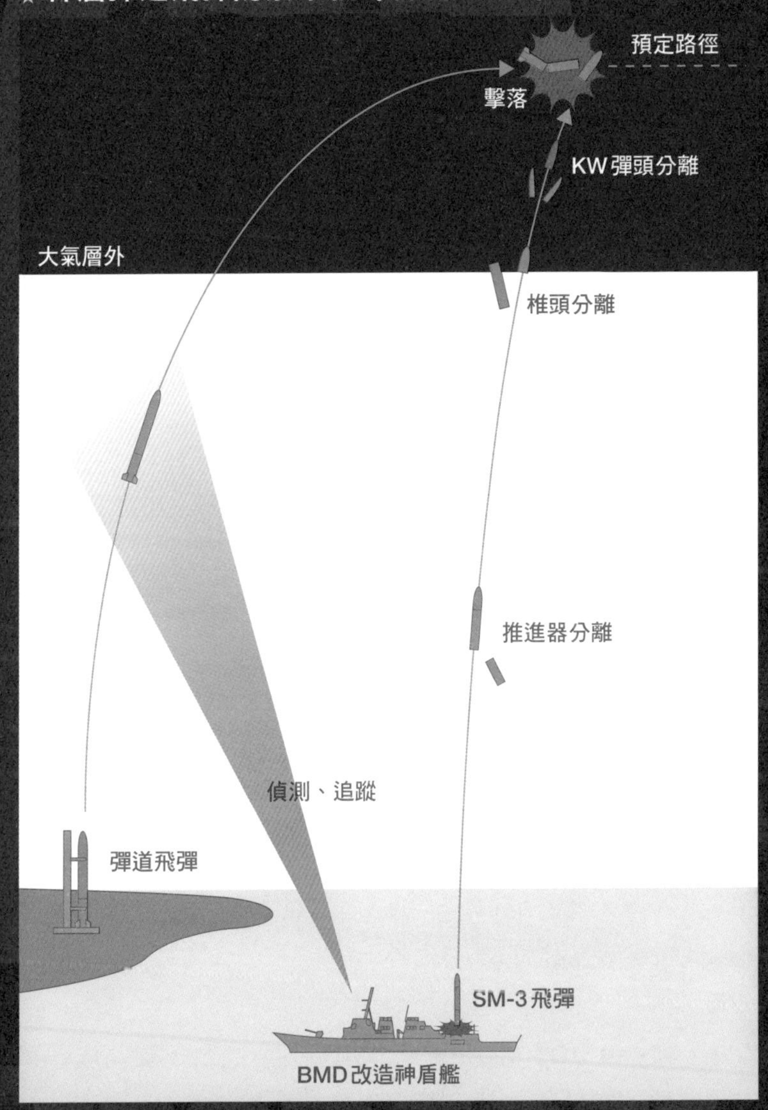

※即使是射程短的SRBM，神盾艦若想要迎擊以飛毛腿飛彈為知名的戰術用飛彈，也被認為是困難的，因此迎擊成為陸軍的PAC-3任務。過去雖然也曾計劃利用一般神盾艦以SM-2ER BLOCK IV A的碎片彈頭來擊落目標，但因為技術性層面的理由而中止。

3-19 彈道飛彈防禦❷ —神盾彈道飛彈防禦系統搭載艦

搭載彈道飛彈防禦系統（BMD：Ballistic Missile Defense）的神盾艦在神盾戰鬥系統上追加了神盾BMD信號處理裝置（BSP）等特別程式，因此能夠發射SM-3或SM-2 BLOCK IV。搭載的電腦隨時在更新中，2009年6月至今，最新式的程式稱為**神盾BMD3.6.1**。神盾BMD3.6.1能夠運用在SM-3及SM-2 BLOCK IV兩者上。

神盾艦搭載的神盾BMD版本如同右表所示。此外，裝備神盾BMD3.6的神盾艦中，有5艘部署於橫須賀港。

神盾BMD3.0E是不能夠發射SM-3或SM-2 BLOCK IV的版本。神盾BMD3.0E具有**遠程監視及追踪能力**（LRS&T：Long Range Surveillance and Track），偵測及追蹤飛行中彈道飛彈的資料會連結到SM-3搭載艦上。

神盾BMD3.6搭載艦跟神盾BMD3.0E搭載艦都不被歸類為Flight ⅡA型，理由是Flight ⅡA型還能夠使用直升機，用途廣泛，因此被排除在神盾BMD之外。

此外，神盾BMD3.6.1和神盾BMD3.6今後為了提高處理器的性能及目標的識別能力等，將會以能夠使用SM-3BLOCK IB的BMD4.0.1來升級。

攝影：柿谷哲也

➔改良型提康德羅加級巡洋艦「皇家港號」，具有彈道飛彈防禦（BMD）能力。

神盾艦和神盾BMD版本

BMD3.6.1搭載艦			
艾略湖	GC 70	改良型提康德羅加級	—
BMD3.6搭載艦			
皇家港	CD 73	改良型提康德羅加級	—
席羅	CG 67	改良型提康德羅加級	—
約翰S麥卡因	DDG 56	柏克級	Flight Ⅰ型
卡蒂斯威爾巴	DDG 54	柏克級	Flight Ⅰ型
費茲傑羅	DDG 62	柏克級	Flight Ⅰ型
史蒂森	DDG 63	柏克級	Flight Ⅰ型
斯托特	DDG 55	柏克級	Flight Ⅰ型
拉塞爾	DDG 59	柏克級	Flight Ⅰ型
保羅漢彌爾頓	DDG 60	柏克級	Flight Ⅰ型
拉梅奇	DDG 61	柏克級	Flight Ⅰ型
班福德	DDG 65	柏克級	Flight Ⅰ型
梅利厄斯	DDG 69	柏克級	Flight Ⅰ型
德凱特	DDG 73	柏克級	Flight Ⅱ型
歐肯	DDG 77	柏克級	Flight Ⅱ型
BMD3.0E搭載艦			
約翰保羅瓊斯	DDG 53	柏克級	Flight Ⅰ型
哈伯	DDG 70	柏克級	Flight Ⅰ型
西金	DDG 76	柏克級	Flight Ⅱ型

3-20 彈道飛彈防禦❸ —美日共同作戰

1998年8月31日，北韓試射的「大浦洞」1號飛越日本領空後掉落太平洋。經過這次事件後，日本便與美國共同導入彈道飛彈防禦系統，並整備開發的協力體制。日本的BMD由「金剛」型護衛艦以SM-3迎擊，如果失敗的話，會以日本航空自衛隊的PAC-3來迎擊。日本海上自衛隊的「金剛號」於2006年搭載了BMD3.6，之後按照「妙高」、「霧島」、「鳥海」的順序依次搭載了BMD3.6。「愛宕」型則尚未預定搭載。

日本也協力開發了SM-3。SM-3是三段分離式，終端的第3段椎頭分離，且內部的動能殺傷彈頭（KW）也會脫離，偵測到目標後KW會擊中目標。下一代模式SM-3 BLOCK ⅡA的開發也與日本有所關聯。現行的SM-3 BLOCK IB 直徑為13.5英吋，而SM-3 BLOCK ⅡA更粗，為21英吋，**前端的椎頭會搭載日本開發的二次分離式貝殼型**。如此裝於椎頭內的KW就不會浪費時間而能直接分離，準確無誤的攻擊彈道飛彈。

第一次的試射是2006年3 月8日，由巡洋艦「艾略湖號」試射並成功分離。實際應用會在2015年左右。在運用面上也是採取美日協力體制。現在美國海軍在駐日的橫須賀基地，有5艘BMD搭載艦和夏威夷一部分的搭載艦，會在日本海定期警戒監視彈道飛彈，而共享情報等則與防衛省合作，如此一來日本海上自衛隊的BMD艦防衛計劃會更加有效率。

照片提供：MDA

⬅2006年12月日本神盾艦首次的SM-3試射，由日本海上自衛隊「金剛號」執行。

攝影：柿谷哲也

⬅日本海上自衛隊「金剛號」發射的SM-3，目標是中程標靶MRT，假想為中程彈道飛彈。

3-21 彈道飛彈防禦④——北韓的彈道飛彈試射

1993年5月，北韓朝日本海發射了一枚彈道飛彈「大浦洞」。日本海上自衛隊護衛艦「妙高」偵測到後加以追蹤。2006年7月，日本察覺到北韓欲發射彈道飛彈的徵兆，便在日本周邊海域部署了日本海上自衛隊神盾艦。「霧島」原本正在前往夏威夷的環太平洋海軍進行軍演的途中上，也因為這樣而返回了日本近海。北韓於7月5日發射了蘆洞、飛毛腿及大浦洞2號飛彈，合計七枚。當時各艦都沒有搭載神盾BMD，但仍然執行追蹤。

2009年2月，北韓有發射「大浦洞 2號」的趨勢，美日韓因而強化了監視體制。日本預備在大浦洞 2號的本體和碎片等落在日本領土內時，整備好神盾艦和日本航空自衛隊的PAC-3待命還擊。彈道飛彈在4月5日發射，**美日韓的神盾艦以雷達追蹤**。太平洋方面，由日本海上自衛隊的「霧島」、美國海軍巡洋艦「席羅」、驅逐艦「史蒂森」及「費茲傑羅」監視；日本海方面，由日本海上自衛隊「金剛」、「鳥海」及搭載BMD3.6的美國海軍「卡蒂斯威爾巴」進行追蹤及監視。而日本驅逐艦「霞飛」及韓國的海軍驅逐艦雖然沒有搭載神盾BMD，但也進行追蹤。

發射時，由於北韓戰鬥機的急速接近，加上俄羅斯軍的Il-20電子偵察機的關係，神盾艦因而偵察到了雷達頻率情報，進入了防空識別圈，所以日本航空自衛隊派出了戰鬥機。不過，在此次試射中，美日兩國的BMD體制並未以彈道飛彈迎擊。

Aegis Destroyer

攝影：時事

⬆2009年3月28日早上8時33分，由長崎縣佐世保基地出港的日本海上自衛隊神盾艦「金剛」（前）和「鳥海」，艦上搭載有海上配備型迎擊飛彈（SM-3）。

The Strongest Shield

3-22 人工衛星的擊落作戰
─成功擊落大氣層外的衛星

2006年12月由美國國家偵察局（NRO）發射的間諜衛星NRO L－21（約2.3噸），在2007年底於地球運行的軌道上，由於太陽能電池板出問題而失去控制，衛星因而漸漸往地球落下，而此衛星攜帶著有害燃料「聯胺」掉落到地球上的可能性十分大。若掉落的話，對人體會造成莫大影響，因此美國計劃**以神盾艦發射的SM-3來擊毀此衛星，稱為Burnt Frost計劃**。

以神盾BMD擊毀衛星是預料之外的事，使用於神盾BMD程式的處理器，配合的是彈道飛彈的動作和形狀。但衛星比彈道飛彈大，且沒有熱能，因此SM-3處理器的辨識裝置可能會將衛星誤認為誘餌彈道飛彈，所以需要將新的衛星特徵辨識程式裝配在巡洋艦「艾略湖」及預備艦「德凱特」的神盾BMD3.6上。

任務是在夏威夷附近的太平洋執行，由於任務中的太空梭返回，因此於2008年2月20日開始進行擊落衛星的任務。巡洋艦艾略湖及驅逐艦德凱特號各搭載2枚及1枚的SM-3 BLOCK I A，於夏威夷西方海域待命。由於空域的關係，能夠擊落衛星的機會約在30秒內。第一次如果失敗，就要等約90分鐘後衛星下一個運行週期時再度發射，不過在10點26分時，艾略湖的SPY-1B雷達，以秒速7.6㎞捕捉住飛行中的L-21，並在高度247㎞處，以垂直發射系統發射SM-3並命中L-21。衛星碎片在再次進入大氣層時已燃燒殆盡。

照片提供：美國海軍

↑為了擊落衛星而由「艾略湖號」發射的SM-3。

照片提供：MDA

↑被SM的動能殺傷彈頭擊中之前的間諜衛星NROL-21。

Column

03

世界最強的神盾艦？

雖然對兩艘神盾艦一對一單挑較量誰強沒有興趣，但光從一艘神盾艦的戰力來看，似乎還是可以比較出各國神盾艦的高下。神盾艦主要的兵力是對空飛彈、巡弋飛彈、反潛火箭，由垂直發射系統收納。此一垂直發射系統能搭載多少武器，或許能看出功擊能力的高下。

神盾雷達的能力也會影響強度。美、日、韓及西班牙的神盾艦擁有最強的SPY-1D，而挪威神盾艦則只有強度對半的SPY-1F。另外還可由搭載的直升機來看能力。**是否搭載直升機以及搭載的數量，悠關反潛戰及反水面戰的獲勝機率**。此外的配備武器、主砲或魚雷等，不管是哪種神盾艦，在性能上都不會有什麼差別。

從這一點來比較各國的神盾艦，韓國的世宗大王級在垂直發射系統的彈艙數上，比柏克級的32座還多，為128座，是神盾艦中最多的，而且今後還會配備只有美國神盾艦裝備的巡弋飛彈。此外，從反艦飛彈的數量來看，比起其他神盾艦的8枚，世宗大王多出一倍為16枚，且搭載的直升機為2架。因此，**世宗大王級在所有的配備武器上，具有壓倒性的勝利**。

然而，不管擁有多精良的武器，如果乘員對武器操作的熟練程度低，那麼也無法發揮用武之地。軍艦真正的強度在於乘員的純熟操縱，以及艦長為首的幹部群的戰術攻略，這一點可以從歷史的例子上獲得證明。

第4章

一探神盾艦內的情況

具備高性能防空能力的神盾艦，
其「頭腦」是戰鬥情報中心（CIC）。
平時無法一探究竟的戰鬥情報中心內部，
以及機關操縱室、配備的燃氣渦輪引擎、
直升機收納庫等，本章將輔以珍貴的照片一一介紹。

攝影：柿谷哲也

控制各式神盾艦武器的戰鬥情報中心。能對應防空戰、反水面戰、反潛戰等各式戰鬥。

4-01 神盾艦的艦橋❶ ——控制非戰時艦艇的場所

艦橋（又稱航海艦橋、駕駛台）是平時航行期間，艦長指揮及司掌艦艇航行的場所。艦長或航海長（或是任命的責任者）決定該艦的速度或行進方向，各乘組員依照指示操作機器。水面雷達或無線電、海圖等要傳達給艦長或航海長的情報，也是在艦橋內執行。

各國軍艦在設計及運用觀點上會有所不同，在系統新舊上也具有若干差異，但是在系統上配合現代戰爭設計而成的神盾艦，不管是哪一個國家，似乎都不會有過大差異。艦橋內絕對有的基本儀器包括操舵台、雷達表示裝置、速度通訊機、海圖表示裝置，以及與戰鬥情報中心內的武器控制系統相同的控制台。

操舵台是控制該艦方向的駕駛席。控制台上的**舵**（或是舵輪）與艦尾的掌舵機房有連動關係，使舵翼動作。此外，也能使艦尾側面的鰭形穩定儀（小翼）動作。**速度通訊機（器）**是指示艦艇速度至**機關室**的裝置。速度通訊機員依照指示輸入速度後，機關室（又稱操縱室）就會開始進行推進器的運轉或是調整引擎的力量。雷達表示裝置會將桅桿上的反水面雷達、或是航海雷達偵測到的周邊海域船舶以光點表示。海圖表裝置是將電子海圖表示於監視螢幕上的裝置。最近也出現了水面雷達及海圖以相同監視螢幕複合表示的種類。

攝影：柿谷哲也

↑護衛艦「愛宕」的艦橋。前方的裝置為操舵台，與速度通訊機呈一體化。

攝影：柿谷哲也

↑電子海圖表示裝置。將航海雷達OPS-20B、反水面雷達OPS-28E的影像及海圖顯示出來。

4-02 神盾艦的艦橋❷ —人員輪流交替

艦橋的人員配置多時可達15名。艦長或司令在艦橋的兩邊就位。靠近前窗的中心附近是航海長和巡邏長，其兩側的控制台分別有1～2名傳令員，右舷一隅的海圖台配有航海士；左舷一隅的作業機則有值班海曹。在艦橋外的翼部設有大型雙筒望遠鏡和確認方位的電羅經複示器及強力探照燈，由監視員負責。直升機的管制圈內管制也由艦橋執行，飛行甲板上沒有著艦信號官（LSO）的神盾艦，也會由艦橋負責直升機的起降管制。

各人員交替輪班，因為晚上有時也會出現航行相關人員不在的情況，這時就會增加監視員。除了大規模訓練之外，艦長夜間在艦長室內休息的情況為多。然而一旦進入戰鬥狀態，艦長或司令就會移動至戰鬥情報中心，在該處指揮戰鬥及掌艦。艦橋會增加監視人員，將海面狀況詳細報告給戰鬥情報中心。

日本海上自衛隊於艦橋控船的部署稱為航海科。美國海軍的英文名稱直譯是Navigation Division，但有個意味著團結一致的別名「**Bridge Team**」。西班牙神盾艦會讓荷蘭或義大利海軍等其他NATO（北約組織）所屬海軍的航海員共乘，尤其是NATO（北約組織）艦隊行動時，可看見各國相異的軍服身影在艦橋操控艦艇。韓國艦的艦橋內部，掛著繪有北韓艦艇所有艦種樣子的插圖，如果發現了可疑船隻，監視員只要與插圖一對照，就可以判別是敵是我。

攝影：柿谷哲也

↑驅逐艦「米利厄斯號」的艦橋內部。左舷側的雷達銀幕等，可看得出美日神盾艦的不同。

攝影：柿谷哲也

↑右舷翼部所見前方的視野。航行靠近陸地時會增加監視員，警戒往來船舶或海上的漂流物。

4-03 戰鬥情報中心（CIC）❶ —掌控戰爭全數訊息的中樞

戰鬥情報中心（CIC：Combat Information Center）在日本的神盾艦中也稱為**戰鬥情報中樞**。如文字所見，是神盾艦或水面戰鬥艦的中樞部。所有的資訊都集中至此，在這裡被處理、判斷、指揮及管制。神盾艦中構成神盾武器系統（AWS）的神盾顯示系統（ADS）和武器控制系統（WCS），設置於戰鬥情報中心。由於各國的神盾指揮艦基本上配備的是相同的神盾武器系統，所以戰鬥情報中心的系統大致上差不多，但依各海軍的運用方針，在格局配置上會有所差異。

戰鬥情報中心首先進入眼簾的，是大型顯示器的神盾顯示系統。美國的神盾艦有2台顯示器，而日本海上自衛隊的神盾艦則有4台。在這個顯示器正前方左側是**艦長**的座位，右側則是**戰術行動官**。戰術行動官是由艦訊長或兵器長擔任。若是日本海上自衛隊，還會在兩旁設置各2個控制台，以讓其他士官支援戰術行動官。左牆旁排列著的控制台是反潛用WCS。神盾顯示系統對面的牆則並排有反水面戰、防空戰用的WCS。美國的神盾艦在其內側還設有戰斧武器管制系統。若是BMD搭載艦，則會在此處附近裝上BMD相關裝置。戰鬥情報中心的中心部，有艦內通訊系或是被稱為中繼器的海圖表示裝置。此外，與戰鬥情報中心相鄰的聲納室，會另設一室分析收到訊息的聲納情報。

日本海上自衛隊護衛艦「愛宕」的戰鬥情報中心。

驅逐艦「拉森號」的戰鬥情報中心。左席為艦長、右席為戰術行動官的控制台。

4-04 戰鬥情報中心（CIC）❷ —由艦長下達最後指令

在戰鬥情報中心作業的乘員隸屬於兵器科或艦訊科。兵器科為飛彈或反潛武器的專家，艦訊科為雷達專家。雷達或聲納偵測到不明飛機或潛水艦的回音後，下達戰術配置的號令，由各武器控制系統的負責人員將情報傳達給戰術行動官。戰術行動官將情報匯整後，等待艦長下達指令。戰術行動官也可以提供艦長攻擊與否的意見，稱為「re-comment」。

然而，依照所有局勢來**下達最終指令的還是艦長**。當司令官也在艦上時（意即該艦編制為旗艦，艦內有司令部時），雖然也會聽取司令官或是監戰官等的意見，但是最後的指令仍是由艦長下達。此外，美國海軍的神盾艦也跟日本一樣，是由艦長下達最後指令，但是相當於司令官的部隊指揮官通常不會一同乘船，這是因為部隊指揮官幾乎不會搭乘航空母艦或兩棲攻擊艦之故。最近艦隊全體提升戰術的方法（稱為共同作戰能力）備受重視，特別是在使用戰斧巡弋飛彈的戰鬥或是地面戰支援中，艦長會聽從其他航空母艦內指揮官的指示。

神盾艦的戰鬥中，以戰鬥情報中心最能體會到緊張感，堪稱是白熱化的部門。然而由於戰鬥情報中心機密性很高，只有得到許可的乘員能夠進入。若是像採訪等原因，外人想要進入的話，必需先獲得海上幕僚長的許可。而美國海軍雖是由各部隊長判斷是否可以進入，但進到戰斧武器控制系統周邊或聲納室等，禁止攝影的區域也很多。

↑防空戰、反水面戰等的武器控制系統（WCS）控制台。

↑反潛戰武器控制系統負責人員。控制台有4台。

4-05 輪機操控室
—美日韓的神盾艦為燃氣渦輪引擎

美國神盾艦的引擎為GE製的LM2500**燃氣渦輪引擎**。日本的神盾艦配備的是由IHI公司開發的同型引擎。分別配置了4台，以2台為1組藉由減速裝置來推動傳動軸。傳動軸的前端有5片螺距推進器（螺旋槳）用來驅動神盾艦。4台引擎合計可以產生10萬匹馬力。在各配置2台的引擎室之間，還有一間3台發電機兼補機室，提供艦內的全部電力（3台約有7500～8400KW）。

引擎和發電的控制，以及配合艦橋下達速度的指令來操縱的行為，都是在輪機操控室執行。輪機室又稱為操控室。此外，輪機室也具有緊急應變指揮所的職責，當艦內有火災或淹水等情況發生時，會下令編成緊急應變班，輪機室也會成為指揮的場所。監督輪機操控室兼緊急應變室的人員是輪機科的輪機長。

美日韓的神盾艦引擎屬燃氣渦輪引擎，稱為COGAG的方式，但是西班牙則是2台燃氣渦輪引擎和2台**柴油引擎**的CODOG方式。燃氣渦輪引擎其實跟噴射引擎一樣，燃料也是用噴氣燃料。柴油引擎是一般船舶用的發動機，燃料是輕油。如果配備的是2種不同引擎，雖然在燃料系統的管理上會變得複雜，但是柴油引擎的燃料比輕油價格便宜，則是優點之一。

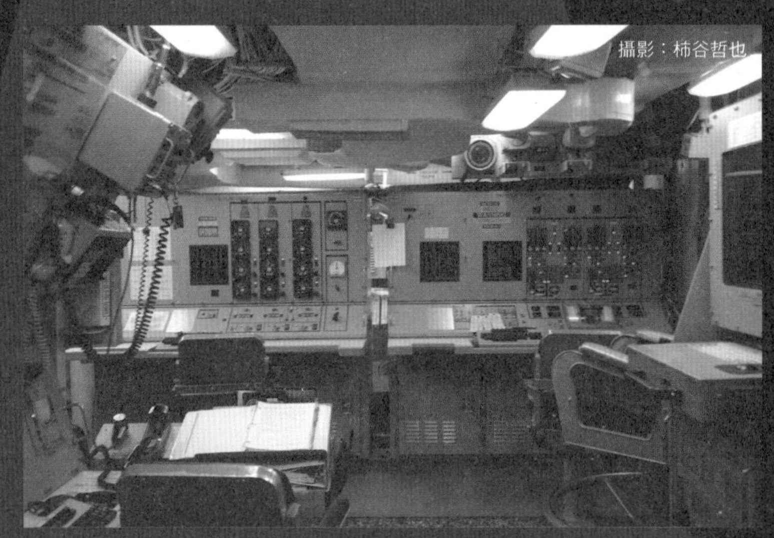

攝影：柿谷哲也

⮉驅逐艦「米利厄斯號」的輪機操控室兼緊急應變室。照片右側是引擎的控制台，左側是發電機的控制台。

攝影：柿谷哲也

⮉從引擎室的檢查口可以看見GE製的LM2500燃氣渦輪引擎。照片為「拉森號」。

※COGAG：COmbined Gas turbine And Gas turbine
CODOG：COmbined Diesel Or Gas turbine
CODAG：COmbined Diesel And Gas turbine

4-06 海上運補
—對引擎為燃氣渦輪式的神盾艦是必要的

在軍艦的行動上，燃料補給或武器彈藥的補給艦是不可或缺的角色。尤其是配備了燃氣渦輪引擎的神盾艦，因為大量消耗燃料，比起柴油引擎艦更需要頻繁的補充燃料。若總是為了燃料補給而停泊於港口的話，就無法迅速靈活的持續應戰了。

因此，神盾艦等水面艦是在海洋上由補給艦提供燃料，稱為**海上運補**（RAS：Replenishment At Sea）。必需長期在海上執行監視任務的神盾艦，與補給艦的會合時機相當重要。如同汽車一樣，燃料過少的話會連加油站都到不了。戰鬥中的燃料不足，攸關乘員性命，因此最少也要預備一週左右的燃料量，此時補給艦便會往預定的海域航行。在補給前的數小時，直升機會從配備有直升機的神盾艦或是友艦出發，偵察海上補給的海面狀況。由於燃料補給需要花費很長的時間，所以如果航海路徑上有障礙物會十分棘手。當補給艦到達舷側約45m左右時，會由**導索**（懸索）拉出**加油軟管**，將此軟管與神盾艦的受油探管連接在一起。在加油的這段時間，也可以補給航空燃料或物資。

彈藥的補給使用的是由直升機垂吊下的**VERTREP**（VERTical REPlenishment）方法。在補給作業中，兩艦的速度維持在12海浬。此外，美國神盾艦的燃料補給並非只由補給艦執行，也可以由航空母艦擔任。因此航空母艦對於護衛自身的隨行艦，是具有補給燃料任務的。

攝影：柿谷哲也

↑澳洲海軍補給艦「成功號」的加油軟管連接到美國海軍驅逐艦「卡蒂斯威爾巴號」的受油探管的情景。

照片提供：美國海軍

↑英國海軍補給艦「海浪統治者號」(左）為美國海軍驅逐艦「唐納德庫克號」補給燃料。NATO（北約組織）會員國的受油系統是一樣的。

4-07 直升機收納庫
—重要的直升機需審慎保管

配備直升機的神盾艦有**直升機收納庫**。柏克級Flight I、II及「金剛」型因為只有直升機甲板，而沒有收納庫，因為如此，所以不能夠搭載直升機，只能作短暫起降作業。柏克級Flight II A可以配備兩架SH-60B巡邏機。為了在狹小的艦體上爭取最大的使用效益，所以同一艘艦的兩個收納庫中間，會以夾著飛彈垂直發射系統的方式配置以作區隔。世宗大王級也是同樣的方式。提康德羅加級和「愛宕」型，一個收納庫內容納一架直升機。

直升機著艦後以軌道移送至收納庫，於收納庫維修以備下次飛行。維修技師的等候室和駕駛員的簡報室與收納庫相鄰，直升機用的武器彈藥庫也是在收納庫下層或旁邊。在飛行前30分鐘左右，飛機會從收納庫拖至飛行甲板，進行魚雷或聲納浮標的配備及檢查。接著位於甲板的消防員在穿著防火服的狀態下，駕駛員會發動引擎，而技師則將鍊住機身的鍊子解開。起飛的指令則由收納庫上方的**航空管制室**管制。

航空管制室的任務不只管制直升機起飛，也會管制著艦。飛行甲板上的**著艦信號官**（LSO：Landing Signal Officer）或**著艦安全官**（LSO：Landing Safety Officer）從LSO室引導直升機著艦。駕駛員一邊聽從著艦信號官、著艦安全官的指示，一邊降低高度，讓機輪降落在甲板上。

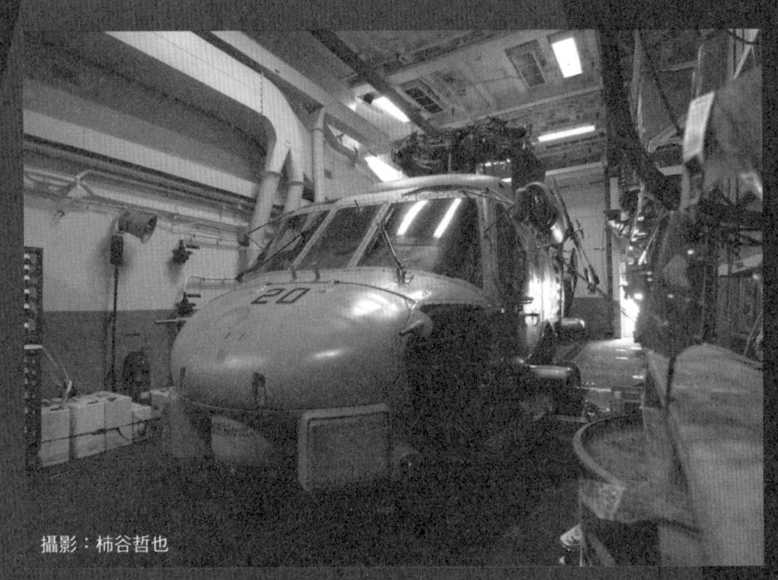

攝影：柿谷哲也

↑柏克級Flight ⅡA的直升機收納庫。置放了西科斯基「SH-60B」後空間變得非常狹窄。照片左方牆壁中收納有垂直發射系統。

攝影：柿谷哲也

↑驅逐艦「平可尼號」收納庫上方的航空管制室。照片為夜間起降艦作業中的樣子。

Column

04

美國海軍神盾艦的艦長室

神盾艦的最高指揮官是艦長。筆者經過一天的採訪後，被招待至美國海軍柏克級Flight ⅡA型驅逐艦「平可尼號」的艦長室。

晚間十時，經由副艦長的帶領進入室內，間接照明和崁燈使室內呈現沈穩的赭色調性。五人座的沙發和古董桌，以及精美裝飾的畫框，宛如豪華客船的一室。艦長室的傢俱由艦長自己選購。不過照片左方的監視器或工作桌，則可以讓人感受到神盾艦的氛圍。更後方是寢室和衛浴間。

日本的神盾艦採螢光燈照明，比較像是小型公司的辦公室。後方則有包含泡湯木桶的專用浴室，但美國的也有調光效果，能讓人心情平靜。

攝影：柿谷哲也

美國海軍柏克級Flight ⅡA型驅逐艦「平可尼號」的艦長室。環境舒適，能夠充分放鬆。

第5章

神盾艦的艦內生活

能夠讓高科技的神盾艦運作的，
當然是人類。
本章從典型的艦內一日生活，
到居住、飲食菜單等一一為讀者介紹，
您或許會為艦內的意外之物而感到驚奇呢！

照片提供：美國海軍

甲板上，泡在充氣泳池裡的乘員。後方的相位陣列天線雖讓人感到格格不入，但享受的時間更重要。

神盾艦的乘組員有幾人？
5-01 —日本神盾艦由於精實化而削減人員

日本海上自衛隊的乘員構成，以艦長為首，分為武器科、航海科、艦訊科、輪機科、補給科和衛生科。各科有科長和副長。**美國的神盾艦約有350名乘員，但日本神盾艦則只有300名**，這是因為日本神盾艦各科為精簡之故，而縮編人員。比「金剛」型還小的「高波」型護衛艦，約有175名乘員，排水量為一半，所以人員編制大約也是一半。

美國神盾艦的女性也很多，艦上最多約有30～40名左右。荷蘭海軍中能與神盾艦匹敵的APAR艦甚至有女性艦長。日本海上自衛隊的神盾艦雖然沒有女性乘員，但是於2009年4月服役的直升機搭載護衛艦「日向」，是戰鬥艦種中首次有女性自衛官的。之後「金剛」及「愛宕」應該也會出現女性乘員。

神盾艦除了乘組員之外，有時還搭載有護衛艦隊司令部等約20～30名人員。因此日本的神盾艦為了發揮司令部機能，將艦內空間更加擴大。另外，當神盾艦結束了在碼頭的長期維修後，會以補給訓練航海出航，此時稱為**FTC**（Fleet Training Center）的部門會派出教育部隊約20多名（多的時候）一同搭船。此外，洛克希德馬丁公司及雷神公司等公司成員（非軍方人員）也常會搭乘美國神盾艦，除了系統管理、維修檢查等工作外，還會進行新系統的測試。

攝影：柿谷哲也

護衛艦「愛宕」的乘員約310名。在看不見的遠方海洋國界之處，守衛日本。

5-02 神盾艦的一日——平時早睡早起

在航海時，早上六點會有**全員起床令**（起床號），日本海上自衛隊只有單純的號令，但美國的神盾艦還會唸出今日日期、今日預定及聖經的一節。進入外國港口時，廣播時還會以當地語言道「早安」。

每逢假日，在早餐之前，會先在艦首的錨鍊室或是直升機收納庫進行基督教的禱告。一般訓練時，會執行已決定好的行程，由於還有**站哨**（監視）輪班，所以不是所有乘員的行程都是相同的。一天當中扣除中午休息時間約1小時，上午和下午都會進行訓練。用餐完畢、清掃結束之後是自由時間。

日本神盾艦上由於有風呂（泡湯室）室，所以可以有20～30分鐘的入浴時間；但是美國只有淋浴間，因此入浴時間最多十來分鐘。日本與美國相同，熄燈時間都是約22點。此外，日本海上自衛隊在就寢前會進行**巡查**，儀容整理及打掃之後，由值星官巡視。

大規模演習或戰鬥時，生活會截然不同。艦內時間會由當地時間調整為Z時間（格林威治時間），與其他在各地作戰的艦艇或航空部隊、地面部隊在同一時間軸行動。24小時全天候重複短期輪班制、三餐簡樸，各自就定崗位。由於通訊管制的關係，不可與家族通電子郵件。在沿岸作戰時，手機雖然可以通，但在作戰中則是禁止使用的。平時明亮的居住區塊，戰時則僅有微弱的光線照明。各人員輪番當班，睡眠時間約4～5小時左右。

照片提供：美國海軍

⮉化學、生物兵器攻擊的對戰訓練中，配戴防護面具的乘員。照片攝於美國海軍巡洋艦「安齊奧號」。

照片提供：美國海軍

⮉2003年4月4日深夜，美國海軍驅逐艦「唐納德庫克號」以戰斧飛彈攻擊伊拉克。

5-03 神盾艦的居住品質——備有商店及ATM

神盾艦由於是大型的水面戰鬥艦，因此在艦內空間的設計上有充分的餘裕。

日本海上自衛隊中，若是下士居住的地方，在舊式護衛艦中是三段式上下舖，但神盾艦則是**二段式上下舖**，較為舒適。另有交誼室，能夠放鬆身心。士官房2～3人利用一間，並有各自的工作桌。有些艦也會為上級士官提供個人房。

雖然比以前的護衛艦生活上較舒適，但很容易運動不足，因此會挪出一點空間擺設**運動器材**。

較不便的是衣物換洗。美國海軍的神盾艦由洗濯值班統一洗衣服，而日本海上自衛隊的神盾艦則在更衣室的附近配有數台洗衣機，各自洗衣服。

神盾艦內也能夠買東西。艦內的**商店**位於補給科的辦公室內，但營業時間只有吃飯後的短暫時光。從日用品到零食都有販賣，但比較起來，美國海軍在商品種類上比較齊全。由於還有女性乘員，所以衣服及日用品或許也有女性專用的。日本海上自衛隊是以現金付款，而美國海軍則是以信用卡支付。艦內還有**ATM**，在進港前往往大排長龍。

美日軍艦對於吸菸都有嚴格限制。艦內**全面禁菸**，只有甲板指定地點可以抽菸。2008年航空母艦「喬治華盛頓」發生大火的原因，就是在指定外的場所吸菸導致的。順道一提，全世界中，允許在艦內抽菸的海軍其實很常見。

美國海軍巡洋艦「艾略湖號」內的ATM，以及美國海軍所發行，具有信用卡機能的現金卡。

美國海軍巡洋艦「諾曼地號」內的郵件室。即使電子郵件十分普及，但手寫信的影響仍不容小覷。從艦內寄出的郵戳是特製的，有艦名和艦身的輪廓。

5-04 神盾艦內的飲食
—餐後也能享受甜點

艦內生活最期待的莫過於吃飯了。餐廳和菜單依照軍官、士官及水兵而分開。日本海上自衛隊的士官在士官室全員就位後，需等待艦長和司令官。而美國海軍多是在軍官室內各自取用，但戰時航海中的早餐則會順便進行早餐會報，也就是夜間攻擊或現狀等的報告會議。

美日的廚房都是在一個地方由補給科人員料理。日本海上自衛隊因為以日式料理為主菜，所以早上會有烤鮭魚，而美國海軍的早餐則是簡單的綜合粥片或火腿等。較大的差別在於中餐，美國海軍在菜色及量上都很豐富。晚餐如果是特別的日子，還會有龍蝦。**日本海上自衛隊星期五的中餐以咖哩為知名**，不過美國海軍有時也會在晚間提供咖哩。美日最關鍵的差別在於冰淇淋。日本海上自衛隊會購入市售的冰淇淋，想吃的人自費購買。美國海軍在1970年代前跟日本是一樣的，但由於航海時間很長，冰淇淋很快就售罄了，所以現在引進速食店製作雪克的機器，在硬度上設定成冰淇淋的硬度，加上大量的巧克力或草莓醬汁沾著吃。由於費用已包含在伙食費中，吃不吃都是一樣的。

美國海軍的神盾艦在假日會將餐廳的照明關掉，營造出安詳的氣氛。相反的，由於在作戰時需要大量體力，因此漢堡或熱狗會成為主食。日本海上自衛隊當在集中訓練時，因為打飯班還要兼任監視等工作，十分忙碌，因此是吃**罐頭飯**（以罐頭裝的飯）。

攝影：柿谷哲也

⬆美國海軍驅逐艦「平可尼號」的下士餐廳。大多數神盾艦的桌布都是青色（海軍藍），但地板的材質、牆壁上則會貼上海洋的插圖，各艦有各自的特色。

攝影：柿谷哲也

⬆美國水面艦的餐廳中會有一桌是指定席。對象是被俘虜未返回的戰友（POW：Prisoner Of War）、行蹤不明者（MIA：Missing In Action）。桌上寫著「永遠以熱騰騰的飯菜等著你」。照片攝於美國海軍驅逐艦「米利厄斯號」。

5-05 進港後乘員會做些什麼事？—有人會找家人一起旅行

海軍不只是戰力的一部分，也身負國家外交的使命。日本會開始與外國有來往，也是因為美國將海軍作為外交使節送至日本之故。這種外交也稱為**砲艦外交**。不過現在神盾艦主要是做為**親善訪問**，去造訪他國港口。如果對方也派出象徵海軍最高的戰鬥艦神盾艦，便表現出了該國最大的敬意。

進港的其中一個重要目的，是**乘組員的休息**。神盾艦的乘員若進了港，便能夠造訪該國，也就是觀光旅行。美國海軍在乘員的組成上，人種多樣化，此外，出身貧困之家的乘員，也可能是第一次的出國旅行，如果沒有加入海軍，可能一輩子不會踏出美國這塊土地。因此許多乘組員在下了船後，便會呼朋引伴購物、或是去酒吧喝酒，跟一般國外旅行是差不多的。若是幹部，也有人把在美國的家族叫來，在入港期間與家族一同旅行。

然而，在乘組員內，也有入港時不想觀光，自願看守的人。不過美國海軍的俗成，**船員由於被教育成外交官身份**，所以會對社交性較差的乘員進行諮詢的課程。此外，在訪問外國時，對似乎是興奮過頭的乘員，會在入港前先進行該國習慣及禮節的教育課程。在航海時，如果進港的機會很少，艦長會企劃艦上野炊的活動，於甲板上烤肉、以及現場演奏、運動大會等。

↑於馬爾他島入港的美國海軍驅逐艦「巴瑞號」。馬爾他島全島被歸為世界遺產。

←於甲板上享受野餐的美國海軍巡洋艦「碉堡山號」乘員。

艦內能喝酒嗎？

5-06 —基本上雖然禁止飲酒……

全世界的海軍，在酒類的規定上分成三種類型：

❶美國海軍與接受美國海軍教育的海軍—禁止飲酒

❷信仰伊斯蘭教國家的海軍—禁止飲酒

❸其他國家海軍—視情況而定

禁止飲酒的當然是信奉伊斯蘭教的國家，而美國及接受美國海軍教育訓練的國家也是不能喝酒的。接受美國海軍教育訓練的國家有日本和韓國海軍，因此進港後，多數乘員會狂飲，結果離港時艦內出現酒精中毒患者的例子也是有的，甚至準備了酒精中毒患者的諮詢。而神盾艦進入外國港口時，因應招待的來賓而舉行的宴會也會準備酒，日本海上自衛隊也會以木桶酒招待來賓。至於回教國家，在港口或街上雖然沒有酒吧，但在中東的小港口會有一些美式旅館，乘員會夜夜在此飲酒作樂。

即使是美國海軍，如果當司令官也搭乘的時候，會屯積一點點接待用的酒。歐洲的海軍司令官會在司令辦公室偷偷喝一杯。歐洲的軍艦，即使是下士在日間也能喝酒。歐洲、加拿大及澳洲的士官辦公室內，**有艦內酒吧的軍艦也是很多的**。神盾艦內可以飲酒的只有西班牙及挪威，但只限於白酒、紅酒的程度，沒有艦內酒吧。現在興建中的澳洲海軍荷伯特級艦若完成後，就會成為史上首艘能夠在酒吧吧台喝蘭姆酒的神盾艦。

攝影：柿谷哲也

↑加拿大國防軍的巡防艦「溫哥華號」士官辦公室內的吧台。同級艦「雷吉納號」還有啤酒機。

攝影：柿谷哲也

↑新加坡海軍登陸艦「堅持號」的士官辦公室宛如旅館會客廳。當然也有酒類。

Column
05

神盾艦艦長是人人憧憬的職位

這是日本海上自衛隊「金剛」在環太平洋聯合演習時，進入夏威夷珍珠港的事。在岩壁邊帶領採訪記者的新聞祕書官自言自語道：「哇！好大啊！什麼時候可以當上艦長呢！?」對自衛官而言，神盾艦是心嚮往之的船，如果問起海上自衛艦幹部：「如何以一句話來形容神盾艦？」，不管是誰都會回答：「是男人的浪漫」、「男人之艦」。

前面提到的新聞祕書官，在回國後經過一番苦讀，雖然沒有成為神盾艦艦長，但也當上了護衛艦的艦長。假設同期幹部有170名，由於神盾艦有6艘，代表將來同期間能夠成為神盾艦艦長的，每30人中約會有1人。艦長的任務由於數年來一直繼承，因此實際上更加有難度。美國海軍雖然有較多神盾艦，但相對的軍官數量也多，所以成為艦長之路也十分漫長。

順帶一提，美國海軍的柏克級驅逐艦「拉森號」的艦長，被問到了：「你的下一個目標是什麼？」時，他回答：「不用說，當然是成為提康德羅加級巡洋艦的艦長」。柏克級明明是比較新式的艦，為什麼他要這樣回答？

事實上，在等級上而言，巡洋艦是比較高級的，在直接護衛航空母艦上倍受讚揚。航空母艦的艦長由於一定必須是軍機駕駛員出身，所以即使是神盾艦艦長也無法成為航空母艦艦長。也就是說，美國海軍水面艦的最高階職位，就是提康德羅加級的艦長。

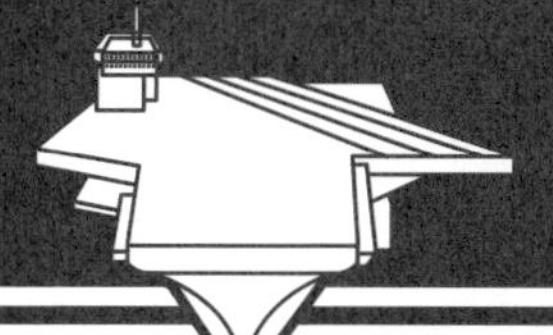

第6章

神盾艦之外的軍艦

一國的海軍戰力不是只有神盾艦。
本章將解說神盾艦之外的軍艦。
此外還會介紹未來勝過神盾艦的高性能防空艦之祕密、以及由各國軍隊協力、無國界聯合對抗共同敵人的作戰。

資料提供：美國海軍

超越現在神盾艦防空能力的朱姆沃爾特級概念圖，亦具備高度的匿蹤能力。

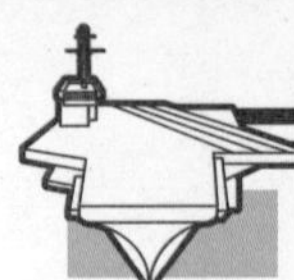

6-01 航空母艦——該國海軍能力的象徵

航空母艦主要的任務是由配備的戰鬥攻擊機來進行對地攻擊。與登陸艦部隊等一同行動時，也會以戰鬥攻擊機來執行作戰地區上空的警戒監視，或是對地支援攻擊。美國與西班牙的神盾艦任務之一，是與航空母艦一起行動並護衛航空母艦。

航空母艦雖然被稱為是海軍戰力的象徵，但依照各國利用觀點的不同，而有各種形式。此外，由於航空母艦並沒有嚴格的定義，所以稱呼也是各式各樣。一般而言稱為航空母艦（**航艦**）的是：為了能夠讓飛機起降，從艦首到艦尾全是甲板，航空機則是主力裝備的艦艇。

美國海軍的兩棲攻擊艦外觀與航空母艦一樣，是全覆蓋式的甲板，配備的是AV-8B海獵鷹直升機。不稱作航空母艦而被稱作兩棲攻擊艦的原因在於陸上作戰的主力部隊是海軍陸戰隊。但由於兩棲攻擊艦能搭載20架以上的直升機，所以又被稱為**直升機航空母艦**（直升機母艦）。俄羅斯的「戈爾什科夫號」最初以反潛巡洋艦的身份登場，之後又成為戰術航空巡洋艦，但其能力是屬於航空母艦的。泰國的「恰克里納魯貝特號」是沿岸警備艦，但一般認為它是航空母艦。

除了被稱為兩棲攻擊艦或是直升機航空母艦的艦種之外，只要是有全通式甲板或運用了固定翼軍機的條件，全世界有九國海軍擁有共21艘航空母艦。最大的是美國的尼米茲級核子動力航空母艦，最新的「喬治．H．W．布希」的滿載排水量為102000噸，能搭載約75架航空機。最小的是泰國海軍的「恰克里納魯貝特號」，11485噸，能搭載約12架航空機。

↑西班牙海軍的航空母艦「亞斯圖里亞王子號」（滿載排水量：17188噸）。在現代航空母艦中是屬於小型的。可搭載約30架飛機。照片中可看見SH-3D/G、AB211直升機和EAV-8B攻擊。

↑以橫須賀基地作為母港的美國海軍核子動力航空母艦「喬治華盛頓號」（滿載排水量：102000噸）。尼米茲級的標準搭載機約75架，搭載量也是全球最大的。在橫須賀基地還配備了護衛的神盾艦。

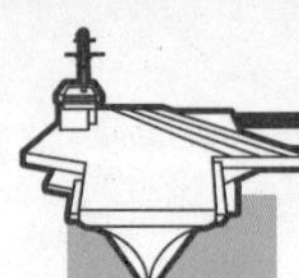

6-02 巡洋艦 —為了守衛航空母艦而裝備對空飛彈

巡洋艦原本是次於戰艦的水面艦艇，但自1991年全數戰艦皆除役後，巡洋艦便成為了最大的水面戰鬥艦。第二次世界大戰之後，可被稱為巡洋艦的，排水量大約都在10000噸以上。美國配備有22艘提康德羅加級巡洋艦。俄羅斯配備有基洛夫級核子動力飛彈巡洋艦（滿載排水量：24300噸）1艘、斯拉夫級飛彈巡洋艦（滿載排水量：11490噸）3艘及卡拉級飛彈巡洋艦（滿載排水量：9900噸）1艘。

這些巡洋艦為了航空母艦的艦隊防空，而配有對空飛彈。比較不一樣的巡洋艦是法國的「貞德號」（滿載排水量：13270噸）。分類上屬於航空母艦，但由於不是全面式甲板，所以也可以分類為直升機巡洋艦。然而貞德號由於是在1964年服役，因此也差不多該除役了。更古老的巡洋艦由祕魯海軍所持有，以中古品購入荷蘭海軍於1953年服役的「德魯伊特爾號」（滿載排水量：12165噸）後，改名為「海軍上將格勞號」於1973年服役。艦齡在50年以上，在前後甲板配置各2座主砲，是現今罕見的型式，宛如二戰時的戰艦風格，所以也被稱作「**最後的砲艦巡洋艦**」。

美國計劃再研發2艘提康德羅加級的後繼巡洋艦，從20000噸到25000噸級的新一代飛彈巡洋艦CG（X）[※1]最快於2017年可以服役。此外，同為CG（X）的核子動力型25000噸級新一代核子動力飛彈巡洋艦CGN[※2]（X）的設計方案也在進行中。

※1 CG（X）: Cruiser Guided missile（eXperimental）
※2 CGN（X）的N為Nuclear-powered

俄羅斯的斯拉夫級飛彈巡洋艦「瓦良格號」（滿載排水量：11490噸）。兩舷備有16發SS-N-12反艦飛彈。

祕魯海軍所持有的巡洋艦「海軍上將格勞號」（滿載排水量：12655噸），預計今後數年內除役。也許是史上最後的砲艦巡洋艦。

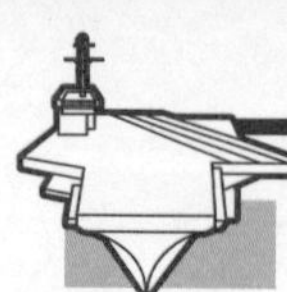

6-03 驅逐艦
—守衛艦隊不被敵方水雷艇或潛水艦攻擊

全世界海軍中約有1500艘左右的艦艇，其中不到200艘為驅逐艦。驅逐艦中有半數是美國海軍的柏克級驅逐艦和日本海上自衛隊的各護衛艦。對於大多數沒有巡洋艦的海軍而言，驅逐艦可以說是該國海軍的象徵存在。表示艦種的番號為代表驅逐艦（Destroy）的D或者是DD。

驅逐艦的滿載排水量從4000噸前後到10000噸為止，差異十分大，2013年完成的美國朱姆沃爾特級驅逐艦約有15000噸。此外歐洲海軍中，即使是以驅逐艦的大小來說，相當於比驅逐艦等級還小的巡防艦，也視為與驅逐艦同等級，所以驅逐艦的定義十分模糊。本來驅逐艦的任務是防守艦隊不被敵方水雷艇或潛水艦攻擊（用以驅逐），但現在在防空戰、反水面戰及反潛戰等所有戰鬥環境下，驅逐艦也被視為主力，而成為了多用途艦種。

各國神盾艦中被歸類為驅逐艦的只有美國和韓國的神盾艦。西班牙及挪威的神盾艦，與英國或義大利的驅逐艦大約相同大小或是再大一點，但歸類為巡防艦。澳洲建造中的神盾艦是以凡塞級巡防艦為基礎，但艦種為驅逐艦。

日本神盾艦稱為護衛艦，但在「DD」上添加了代表對空飛彈能力的「G」，因而成為「DDG：Destroyer Guided missile」（飛彈驅逐艦）。

↑英國海軍45型驅逐艦（滿載排水量：7350噸），配備的是辛普森雷達（英國自身開發的對空雷達），為高性能防空艦。後方桅桿上黑色長方形的物體，是荷蘭製的遠距對空飛彈。照片為1號艦「勇敢號」。

↑中國海軍蘭州級驅逐艦（基準排水量：7000噸），是艦橋周圍四面裝備有烏克蘭製相位陣列雷達的防空艦。NATO（北約組織）代號名為「旅洋Ⅱ」，中國海軍的名稱為「052C型」。

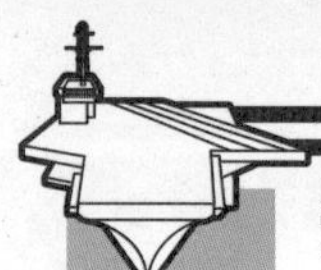

巡防艦（Frigate）
6-04 —在小國屬於海軍的主力

所謂的巡防艦（Frigate）艦種，比驅逐艦（Destroyer）的歷史還悠久，從帆船時代就有了。第二次世界大戰之後，以艦隊護衛或沿岸防衛等作為目的，被歸類為比驅逐艦還小型的戰鬥艦。表示艦種的番號是F或是FF。現在全世界約有460艘巡防艦，全球海軍幾乎都有配備。多數巡防艦也具有反艦、防空飛彈等驅逐艦配備，絕大部分中小型海軍將巡防艦作為海軍主力，在大多數場合，巡防艦是最大的戰鬥艦。

巡防艦的滿載排水量多在2000～4000噸左右，挪威的神盾艦南森級巡防艦為5290噸，而西班牙神盾艦艾爾巴德凡薩級巡防艦則超過6000噸，為6250噸。以NATO（北約組織）為中心的歐洲海軍，在性能及大小上都可以歸為驅逐艦，但卻歸類到巡防艦，這是因為將巡防艦作為海軍的水面戰鬥艦，是NATO（北約組織）內的標準化流程之故。因此若是以排水量來區分驅逐艦或巡防艦，似乎意義不大。

相對的，購入中古巡防艦，為了展示國家威力而**將艦種提升為驅逐艦**的例子也有。巴基斯坦海軍從英國海軍購入6艘中古的21型巡防艦（滿載排水量：3360噸）後，便將艦種更改為驅逐艦。第二次世界大戰之後的軍艦艦種，多以各國獨自的觀點來決定，巡防艦便是一個很好的例子。

↑土耳其巡防艦「巴巴羅沙號」（滿載排水量：3380噸），是被稱為德國MEKO型的出口型巡防艦之一。全球有十一國使用的是MEKO型巡防艦的衍生型。

↑巴基斯坦海軍驅逐艦「提普蘇丹號」（滿載排水量：3700噸），為原本英國海軍的21型巡防艦。由於裝備的增加使排水量微增，艦種也由巡防艦改為驅逐艦。

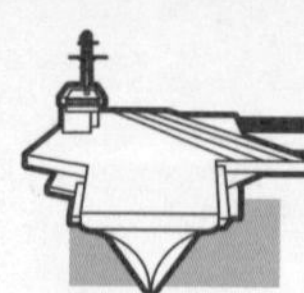

巡航艦、巡邏艇、近岸戰鬥艦
6-05 —小國海洋守護的主力

比巡防艦更小型的水面戰鬥艦是巡航艦此一艦種。艦種番號不是C而是K。（C是代表cruise的巡洋艦），滿載排水為1000噸左右。此外，更小型的種類則稱為巡邏艇（Patrol Boat）。如果比巡邏艇還小的話，在外海作戰上行動會變困難。然而也有的小國海軍以巡航艦或巡邏艇作為主力，因此可稱為小國裡最大的戰鬥艦。

配備反艦飛彈的飛彈艇被稱為巡邏艇，擁有這種巡邏艇的國家，絕大多數的巡邏艇都是機關槍程度的裝備。也有很多小國的海軍將巡邏艇等沿岸警備用的艦艇作為取締海上犯罪的警力使用。此外，未滿1000噸的巡邏艦大多不被分類為Ship（艦），而是分類至Boat（艇），日文中也是表示成巡邏艇或警備艇等。艦種番號是表示Patrol Craft的PC。

在沿岸警備中，最近倍受注目的是美國海軍的近岸戰鬥艦（LCS：Littoral Combat Ship）。近岸戰鬥艦是假想為使用於濱海區域警備或沿岸戰鬥的美國海軍新艦種。現在正在建造自由級及獨立級2種類型的新艦，比較之後預定正式採用。兩艦都是在2009年引入海軍，開始測試。近岸戰鬥艦的排水量雖然是與巡防艦相當的3000噸等級，但未配備現在的反艦、對空飛彈，而是裝備57㎜砲等的艦砲和近程防禦用的對空飛彈。此外還搭載了2架巡邏直升機，以直升機的攻擊力強化沿岸巡邏。

攝影：柿谷哲也

↑印尼海軍的龍頭級巡邏艇「三嘉號」(基準排水量：90噸)。世界上多數海軍為近岸警備型，以巡邏艇作為沿岸警備主力的海軍裝備。

照片提供：美國海軍

↑美國海軍近岸戰鬥艦「獨立號」(滿載排水量：2790噸)。以濱海警備為目的，大小相當於巡航艦到巡防艦。船身為三體船型，具有匿蹤性能。

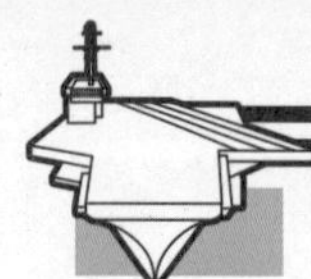

登陸艦

6-06 —從登陸作戰用到多功能艦的變化

從歷史上來看，單單只有海戰戰爭就能結束的例子幾乎是沒有的。絕大多數戰爭都是地上部隊登陸後，進軍對方國家的首都等都市地區來作結束。有的地面部隊（陸軍或陸戰隊）是以運輸機空降登陸，但主力部隊或車輛、物資等則是以海運運送，擔任此一職責的是**登陸艦**。

登陸作戰需要迅速地輸送大量士兵，所以登陸艦會裝載許多大型直升機或是水陸兩用裝甲運兵車。美國裝備的是航空母艦形狀的**兩棲攻擊艦**，除了能夠搭載主力士兵、車輛、登陸用舟艇及輸送直升機外，還能搭載能夠從上空攻擊陸上地點的攻擊直升機或攻擊機。西班牙也從2009年起配備了能夠搭載固定翼機的兩棲攻擊艦。英國、法國、韓國等國，雖然沒有配備攻擊機，但同樣擁有航艦型的兩棲攻擊艦。

此外，主要海軍雖然減少了存放的直升機數量，但將艦內改成甲板的構造，使小型登陸艇能夠大量裝載的**甲板型登陸艦**，也被活用在高度機動力的登陸作戰中。大多數海軍的登陸艦會配備擱淺於海灘的艇，亦即登陸艇。而最近不稱為登陸艦，而是稱為多目的艦或統合支援艦的艦種相繼登場。並非利用大型船隻登陸作戰，而是像補給等艦隊支援一樣，以多目的為概念。擁有神盾艦或航空母艦的國家，能夠強力的支援登陸艦隊。此外，神盾艦或其他水面艦艇為了從海上支援登陸部隊，也會以艦砲射擊等任務來援助掩護。

照片提供：美國海軍

↑美國海軍的兩棲攻擊艦「埃塞克斯號」（滿載排水量：40650噸）。艦尾甲板能夠搭載登陸艇。照片為收納LCU-1600級登陸艇時的場景。

攝影：柿谷哲也

↑韓國海軍登陸艇LSF621（滿載排水量：150噸）。俄羅斯製的Mirena-E型氣墊登陸艇，2台燃氣渦輪引擎的最大速度達到55海浬，能夠運送一輛戰車及士兵至沙灘。

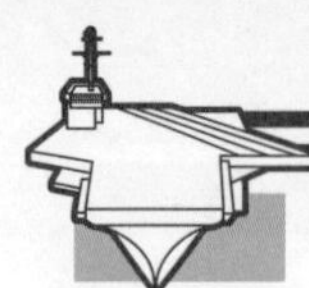

6-07 潛水艦 —撼動水面艦艇的最強敵人

不只是神盾艦，對所有的水面艦艇而言，最大的威脅就是潛水艦。全球約有550艘潛水艦。用途十分多樣。

潛水艦可以大略分成**核子動力戰略潛水艦**和**非核子動力戰略潛水艦**。核子動力戰略潛水艦只有美國、俄羅斯、英國、法國和中國擁有，搭載的是洲際彈道飛彈（ICBM）。作為抑制核武而存在，是政治上的戰略進退。核子動力戰略潛水艦由於配備的飛彈是大型飛彈，所以船隻也是大型的。最大的潛水艦是俄羅斯的颱風級，水中排水量26500噸，全長達171.5m。

核子動力戰略潛水艦之外的潛水艦，皆於戰術上使用。

例如，**攻擊型潛水艦**作為艦隊的護衛，擔任偵察及反艦攻擊等任務。美國或英國的攻擊型核子動力潛水艦，能夠以戰斧巡弋飛彈進行對地攻擊。此外，攻擊型潛水艦的任務還有佈雷、秘密運送特殊部隊等。身為水面艦敵人的潛水艦，無庸置疑就是此一攻擊型潛水艦。

北韓據稱擁有100噸程度的**小型潛水艦**50艘以上，目的是讓特殊部隊或特工人員潛入敵方。此種目的的潛水艦雖然構造單純，靜音性能不佳，但是能以低成本生產，所以在部分國家機密的製造及部署的例子也是常有的。此外，還有一種介於潛水艦和汽艇間的**半潛水艇**，作為特殊作戰時使用。

↑美國海軍的俄亥俄級核子動力戰略潛水艦「馬里蘭號」(水中排水量：18750噸)。美國海軍擁有14艘核子動力戰略潛水艦。能夠搭載三叉戟核子飛彈24座。

↑巴基斯坦海軍的奧古斯塔級除了伴隨在艦隊旁，還兼有特殊部隊基地的職責。照片為2009年演習時，擔任敵方角色的攻擊型潛水艦「赫曼號」(水中排水量：1740噸)。

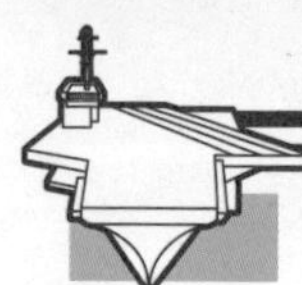

日本海上自衛隊的護衛艦
6-08 —大小不同但一律稱為「護衛艦」

日本海上自衛隊將所有的戰鬥艦艇都稱為「**護衛艦**」。雖然一律稱為護衛艦，但最小型的護衛艦「夕張」基準排水量只有1470噸，而最大的護衛艦「日向」型基準排水量則有13950噸，相差了十倍。到目前為止，只有日本此一國家將大小不同的艦全部以「護衛艦」此一艦種作為統稱。

這種護衛艦從國際上的區分來看，可以分成**驅逐艦**或**巡防艦**，由艦種番號可以分別出來。裝備SM-2對空飛彈的神盾艦或是裝備SM-1飛彈的護衛艦，歸類為以「DDG」番號的**飛彈驅逐艦**。具體上來說，就是神盾艦的「愛宕」型及「金剛」型，以及非神盾艦的「太刀風」型和「旗風」型。配備了3架巡邏直升機的護衛艦，被分類成以「DDH」番號的**直升機搭載驅逐艦**。具體上來說，就是「榛名」型、「白根」型和「日向」型。「日向」型因為有如同航空母艦的甲板，所以能搭載3架以上的直升機。

配有1架巡邏直升機的護衛艦，被歸為以「DD」番號的**通用驅逐艦**。具體來說，有「初雪」型、「朝霧」型、「村雨」型和「高波」型，以及2012年服役的基準排水量5000噸型的新型DD。

相當於巡防艦的護衛艦是「夕張」型和「阿武隈」型。番號為「DE」，代表護衛驅逐艦的意思，但通常只稱作護衛艦。去除5000噸型之外，護衛艦現今有13型共44艘。

🡅2006年在觀艦式上擔任觀閱艦的護衛艦，前方為直升機搭載護衛艦「鞍馬」（滿載排水量：約7200噸）。跟隨其後的是「鳥海」（約9500噸）、「榛名」（約6800噸）、「海霧」（約4900噸）。

🡅日本海上自衛隊中滿載排水量最大，約有18000噸的護衛艦「日向」（右），和滿載排水量約6200噸的通用護衛艦「電」。

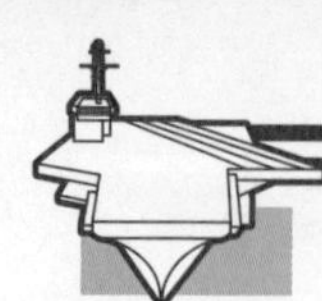

6-09 可與神盾艦匹敵的軍艦 —APAR艦

神盾艦自從問世以後已超過了25年，隨著新技術的開發，也一直在不斷更新。然而以SPY-1雷達偵測、以SPG-62照明雷達來引導終端的SM-2飛彈這個基本系統並未變更。神盾艦雖然能夠同時捕捉200個目標、同時追蹤12個目標，但能夠同時迎擊的數量卻只有照明雷達的數量3個而已。如果以時差導向，雖然3個照明雷達就能夠擊落所有敵方，但需要注意的是敵方的**飽和攻擊**。

飽和攻擊是看準照明雷達只有3個，所以派出超過神盾系統能力數量的飛彈或戰鬥機來攻擊的戰法。只要藉著數量攻擊以時差來反擊的神盾艦，神盾艦與敵方飛彈的距離就會縮短，最後便能夠命中神盾艦。神盾艦開發當時，在這一點上倍受批評，但飽和攻擊被認為在現實上是不成立的。

然而，荷蘭的泰雷斯荷蘭公司針對神盾艦此一缺點，開發出了不會受到照明雷達數量影響的作戰方法「**主動式相位陣列雷達**（Active Phased Array Radar）」（以下簡稱APAR）。APAR與神盾相似，但發射的一個個電波陣列單元，具有導引迎擊飛彈的照明雷達能力。偵測距離雖然比神盾短，但由於不依賴獨立照明雷達，理論上在發射出自身飛彈之前，不會被敵方飛彈擊中。搭載此一APAR的艦種是荷蘭的德澤文普洛文斯級和德國的薩克森級。

⮉擁有世界上最嶄新的高性能防空艦，荷蘭海軍的德澤文普洛文斯級「德魯伊特爾號」（滿載排水量：6048噸）。

⮉APAR裝備在主要桅桿的四面。雖然比SPY-1雷達的偵測距離短，但是解析度高，還能執行飛彈的導向。

⮉偵測距離短的APAR以SMART-L雷達來補其不足。偵測距離比神盾還長，超過1000km。

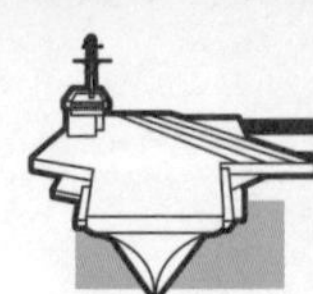

6-10 超越神盾艦的未來防空艦 —朱姆沃爾特級

柏克級神盾艦的下一代驅逐艦，於1990年代後半開始研發。作為DD-21而企劃的次世代戰鬥艦，為**朱姆沃爾特級**（滿載排水量：14564噸）。朱姆沃爾特級是顛覆了以往概念的水面戰鬥艦，配備了作為動力的一般動力和電力驅動。船身為了提高匿蹤性，採用的船身設計是與一般船舶相反的甲板比船底狹小的**舷側內傾式船型**。艦首則是在水面下突出的**穿浪式設計**。船體為雙層構造，內壁和外壁間的垂直發射系統搭載有Mk57 VLS，在此處除了現有的飛彈之外，還收納了SM-2次世代版本的SM-6彈道飛彈。

武器系統是由神盾艦系統發展而來的，搭載系統由於與神盾艦所配備的不一樣，所以朱姆沃爾特級不歸類在神盾艦。主要的雷達是SPY-3。廢除了可說是SPY-1缺點、藉由照明雷達引導飛彈的方式而改用使用於長距離搜索雷達和武器管制等的**2個主動式相位陣列雷達**。

此外，作為提康德羅加級巡洋艦的傳承艦，以朱姆沃爾特級為基礎，搭載一般動力和電力驅動的20000～25000噸等級的**CG（X）**也在研發中。2009年至今，雖然CG（X）尚未下訂，但美國已計劃於2017年左右使CG（X）就役。以CG（X）為基礎將其核子動力化，肩負飛彈防衛任務的**CGN（X）**也正在研發中。

照片提供：美國海軍

🡅次世代驅逐艦朱姆沃爾特級的想像圖。由於追求徹底的匿蹤性能，因此盡可能減少突起物，天線類是呈現貼在艦橋構造物上的形狀。

照片提供：美國海軍

🡅五角大廈（美國國防部）展示的次世代驅逐艦朱姆沃爾特級模型。艦首是呈刃狀往前突出的穿浪式設計，能夠破浪前進。

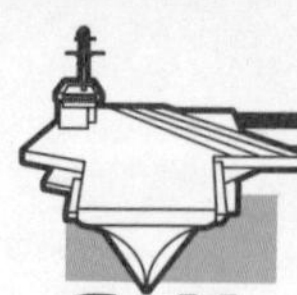

6-11 世界規模的海上合作夥伴
—超越國界與人類共同敵人交戰

2005年，當時任美國海軍作戰部長的麥克格林提倡，連同美國海軍約300艘艦艇，與同盟國海軍艦艇約700艘，合計共約1000艘艦艇來強化海軍的世界夥伴，此構想被稱為「**1000艘海軍**」。構想來自於海上治安維持或是防止大量毀滅性武器擴散，以及需要國際間協力的大規模災害。以NATO（北約組織）為首，美國的同盟國在各國合作上對和平維持是不可或缺的，因此需要強化合作關係。此外，「1000艘海軍」這個名詞，原本有各國海軍都納入美國海軍之下的意味，現在已將名稱更改為「**世界規模的海上合作夥伴**」。

與外國友艦合作時不可缺少的戰術數據鏈路，是在特定的電波上加上密碼來聯絡。被稱為Link11或Link14的戰術數據鏈路，配備於NATO（北約組織）或日韓等同盟國的艦艇。2006年12月，神盾巡洋艦「艾略湖號」的彈道飛彈迎擊試驗中，荷蘭海軍的APAR巡防艦「川普號」偵測及追蹤到目標物的模擬彈道飛彈，該情報以戰術數據鏈路成功傳達給美國海軍驅逐艦「哈伯號」。

世界規模的海上合作夥伴此一構想，雖然沒有設想到飛彈防禦這一層，但與神盾系統完全不同系統的防空艦能夠互相協力此事是值得大書一番的。神盾艦或是與其系統相異的高性能防空艦的攜手合作，以及由這些高性能艦艇率領的眾多艦艇的連結，可以使合作範圍更加擴大。

攝影：柿谷哲也

↑美國海軍、日本海上自衛隊及秘魯海軍的共同演習。藉由超越國界採取協力體制的方式，可以使合作範圍更大。自2008年起，NATO（北約組織）或日韓等國，為了防範索馬利亞海盜對策而派出艦艇。這些艦艇也是同盟國協力維持海上治安的一個例子。

照片提供：美國海軍

↑照片是2009年4月由美國海軍巡洋艦派出的「維拉灣號」的VBSS（Visit Board Search and Seizure），調查疑似海盜船的情景。九個嫌犯被羈押。

《參考文獻》

《月刊 軍事研究》各期　（ジャパンミリタリーレビュー）

《月刊 世界の艦船》各期　（海人社）

《季刊　ジェイ・シップス》各期　（イカロス出版）

《Ships and Aircraft of the U.S. Fleet》　（Naval Institute Press,2005年）

《WORLD NAVAL WEAPON SYSTEMS》　（Naval Institute Press,2006年）

※此外也參考了美國海軍等各國軍、各製造商的資料及網站。

索　引

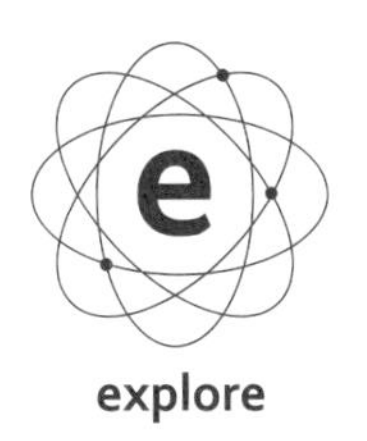
explore

探索「科學世紀」

由於誕生於 20 世紀的廣域網路與電腦科學，科學技術有了令人瞠目結舌的發展，高度資訊化社會於焉到來。如今科學已經成為我們生活中切身之物，它擁有的強大影響力，甚至到了要是缺少便無法維持生活的地步。

『explore 系列』期望各位讀者可以藉由閱讀，進而對我們所身處的，號稱由「科學」領航的 21 世紀有著更深刻的認識。為了讓所有人理解在資訊通訊與科學領域上的革命性發明與發現，本系列從基本原理與機制，穿插圖解以簡單明瞭的方式解說。對於關心科學技術的高中生、大學生或社會人士來說，explore 系列不僅成為一個以科學式觀點領會事物的機會，同時也有助於學習邏輯性思考。當然，從宇宙的歷史到生物遺傳因子的作用，複雜的自然科學謎團也能以單純的法則簡單明瞭地理解。

除了提高基本涵養，相信 explore 系列必能成為各位接觸科學世界的導覽，並且幫助您培養出能在 21 世紀聰明生活的科學能力。

TITLE

宙斯寶盾！神盾艦防禦系統 超強圖解

STAFF

出版　瑞昇文化事業股份有限公司
作者　柿谷哲也
譯者　呂丹芸

總編輯　郭湘齡
責任編輯　林修敏
文字編輯　王瓊苹　黃雅琳
美術編輯　李宜靜
排版　執筆者設計工作室
製版　昇昇興業股份有限公司
印刷　桂林彩色印刷股份有限公司
法律顧問　經兆國際法律事務所　黃沛聲律師

戶名　瑞昇文化事業股份有限公司
劃撥帳號　19598343
地址　新北市中和區景平路464巷2弄1-4號
電話　(02)2945-3191
傳真　(02)2945-3190
網址　www.rising-books.com.tw
Mail　resing@ms34.hinet.net

初版日期　2012年1月
定價　300元

國家圖書館出版品預行編目資料

宙斯寶盾!神盾艦防禦系統超強圖解／
柿谷哲也作；呂丹芸譯. -- 初版. --
新北市：瑞昇文化，2011.11
208面；14.5X20.5公分
ISBN 978-986-6185-77-9 (平裝)

1.軍艦　2.防禦系統

597.6　100022364